儿童和青少年
联动性心理治疗

黄蘅玉　［加］特丽莎·基维萨卢(Trisha Kivisalu) / 著

上海社会科学院出版社
SHANGHAI ACADEMY OF SOCIAL SCIENCES PRESS

目 录
CONTENTS

前　言 / 001

第一章　对儿童和青少年的看法 / 001

- 注重儿童和青少年的特殊性，而不是刻板的规定 / 003
- 注重当下，而不是纠缠过去 / 006
- 注重儿童和青少年的想法，而不是家长与治疗师的认知 / 008
- 注重接纳，而不仅仅是纠正 / 010
- 注重儿童和青少年的情感，而不是纠结于他们的问题 / 011
- 注重优势，而不仅仅是残障 / 013
- 尊重儿童和青少年，而不仅仅是管教 / 016

第二章　儿童和青少年心理发展理论 / 018

- 皮亚杰的"儿童认知发展理论" / 018
- 弗洛伊德的"性心理发展理论" / 021

- 埃里克森的"社会心理发展阶段论" / 023
- 约翰·华生的"行为主义儿童发展理论" / 027
- 约翰·洛克的"白板论" / 029
- 阿尔伯特·班杜拉的"社会认知理论" / 030
- 约翰·鲍比的"依恋理论" / 034
- 列夫·维果斯基的"社会文化理论" / 037

第三章 CHAPTER 3
儿童和青少年心理治疗的理论流派 / 042

- 认知行为疗法 / 042
- 接受和承诺疗法与辩证行为疗法 / 044
- 心理动力学疗法 / 051
- 家庭治疗 / 055
- 情感关注疗法 / 060
- 团体治疗 / 062
- 亲子互动疗法 / 066

第四章 CHAPTER 4
儿童和青少年联动性心理治疗模式 / 070

- 联动性心理治疗模式的形成 / 070
- 标准型与强化型的联动性心理治疗模式 / 073
- 儿童和青少年的个人心理治疗 / 074
- 个人和家庭的联动性心理治疗 / 080
- 个人与学校的联动性心理治疗 / 084
- 个人与医疗机构的联动性心理治疗 / 086

- 个人与社区的联动性心理治疗 / 095
- 个案综合性管理模式 / 106

第五章 CHAPTER 5 儿童和青少年心理治疗的原则 / 110
- "扬长避短"的治疗原则 / 110
- 尊重儿童和青少年的原则 / 115
- 尊重儿童和青少年隐私的原则 / 118
- 遵循心理治疗保密及其局限性的原则 / 123
- 遵循儿童和青少年的发展性原则 / 126

第六章 CHAPTER 6 儿童和青少年心理治疗的核心技术 / 129
- 艺术治疗 / 130
- 游戏治疗 / 141
- 多媒体治疗 / 149
- 团体心理治疗 / 153
- 催眠治疗 / 157
- 生物反馈疗法 / 159
- 网络心理治疗 / 161

第七章 CHAPTER 7 儿童的心理症结与神经发育障碍 / 164
- 学习困难 / 164
- 语言障碍 / 167
- 注意缺陷/多动障碍 / 169

- 依恋 / 172

- 自闭症谱系障碍 / 175

- 躯体症状与相关障碍 / 178

- 运动障碍 / 180

- 喂食障碍 / 183

- 遗尿症 / 185

- 破坏性、冲动控制及品行障碍 / 186

第八章 CHAPTER 8　青少年的心理障碍与干预原则 / 190

- 愤怒管理 / 190

- 欺凌 / 194

- 双相与相关障碍 / 195

- 抑郁障碍 / 198

- 焦虑障碍 / 201

- 强迫与相关障碍 / 208

- 进食障碍 / 212

- 创伤与应激相关障碍 / 213

- 睡眠—觉醒障碍 / 217

- 精神分裂症 / 220

- 性别烦躁 / 222

- 物质相关与成瘾障碍 / 224

- 人格障碍 / 227

- 非自杀式自残和自杀意念 / 231

第九章 CHAPTER 9

儿童与青少年心理治疗的程序 / 235

- 首次面谈 / 236
- 儿童与青少年心理状况评估 / 242
- 确定治疗目标和治疗计划 / 247
- 治疗目标和治疗计划的设定 / 252
- 治疗效果的评估 / 254

第十章 CHAPTER 10

亲子教育 / 259

- 孩子的心理障碍对家长的影响 / 259
- 家长的心理问题对孩子的影响 / 261
- 家庭危机对孩子的影响 / 262
- 亲子关系对孩子的影响 / 264
- 家长团体心理辅导 / 266
- 社区心理健康教育 / 269

参考文献 / 277

前 言
FOREWORD

或许是因为自己几十年来一直从事着儿童和青少年心理治疗与危机干预工作；或许是因为儿童和青少年的心理问题始终是个人、家庭、学校和社会的一个重大问题；或许是因为加拿大的儿童和青少年的心理治疗工作有着许多优势，所以，每当人们向我咨询有关儿童和青少年的心理问题时，每当国内的心理学同行们希望了解加拿大儿童和青少年心理治疗的详情时，我就会产生一股要把加拿大儿童和青少年联动性心理治疗的模式介绍给人们的冲动，旨在增进儿童和青少年的心理健康与福祉。

儿童和青少年的心理问题从来就不是儿童和青少年的个人问题，它涉及个人、家庭、学校和社区的众多方面。再则儿童和青少年的心理特征有别于成年人，因此，儿童和青少年的心理治疗不可能只是治疗师与儿童一对一的谈话模式。儿童和青少年的心理治疗方式是灵活多样、生气勃勃的，当它与家庭、学校和社区的相互联动耦合时，心理治疗犹如获得多元催进力，效果倍增。

我在加拿大做了二十多年的心理治疗工作，深切地体会到了对儿童和青少年进行联动性心理治疗的益处。加拿大的治疗师们都非常尊重这些年轻人，以符合儿童和青少年的心理特征的游戏和艺术来开展心理治疗。与此同时，治疗师们并不是孤军作战，而是积极动员家长、学校和社区的有关人士共同参与心理治疗工作。

当我试图将这套联动性儿童和青少年心理治疗模式介绍给中国的同行们和家长们时，回首查看，发现这些治疗模式已经在加拿大使用了几十年，早已融合在广泛的心理治疗实践中。当地的治疗师们日复一日熟练地按照这种模式工作着，持续不断地修正着不合适的部分，增添着当下新的技术与方法。

2019年12月底，中国国家卫生健康委员会等12部门印发《健康中国行动——儿童青少年心理健康行动方案（2019—2022年）》，提出了要"形成学校、社区、家庭、媒体、医疗卫生机构等联动的心理健康服务模式"，这恰恰与我们写此书的目的相一致，令我们信心大增，激情扬起。

特丽莎·基维萨卢（Trisha Kivisalu）博士曾与我同事多年，她的理论知识厚实，实践经验丰富。当她得知我在拟写《儿童和青少年联动性心理治疗》一书时，给予了积极的支持。本书的第七章《儿童的心理症结与神经发育障碍》和第八章《青少年的心理障碍与干预原则》由基维萨卢博士撰写，本人翻译。基维萨卢博士的参与为本书增色不少，非常感谢！

儿童和青少年是社会的未来，维护和改善儿童和青少年的身心健康不仅能增进儿童和青少年健康福祉，也为健康社会奠定重要基石。

黄蘅玉

2020年10月26日

于加拿大温哥华

第一章
对儿童和青少年的看法

临床心理治疗师在对儿童和青少年进行心理治疗时,他们内心对儿童和青少年的看法会有意或无意地掌控他们的思维、情感和行为。作为一个成人,或许自身就是一个家长,治疗师对孩子的看法常是一个矛盾体。在社会文化的熏陶、个人成长的经历以及个体所处的环境条件的影响下,治疗师的价值观念、信仰和思想理念经常会与他们所面对的来访者的想法发生冲突。治疗师需要明白,自己的工作是协助儿童与青少年成长,是帮助他们解决在成长过程中所遇到的问题,而不是喋喋不休的教导。治疗师更需同理心,要站在来访者和他们家长的角度去思考问题,去理解他们的情感,去协助他们解决问题。

心理治疗师在从事儿童和青少年心理治疗之前,不妨扪心自问:"我有兴趣为情绪有问题、心理有障碍的儿童和青少年服务吗?"

治疗师在第一次与来访者见面时,那些患有心理障碍的儿童和青少年很有可能会冲着你吼道:"不用你管!""走开!我不想见你!"

或者,他们根本不瞥你一眼,压根儿不理你,视而不见,听而不闻,当你是空气。

那你怎么办？

我们知道，儿童和青少年对成年人的理解绝不亚于成年人对成年人的理解。他们会观察、试探和评估与他们交往的成年人。相对于成年人，儿童和青少年对人们的非言语性语言的判断往往更胜一筹，即使是一些心理迟滞或患有心理障碍的儿童和青少年，他们在面对口头上不时蹦出"我喜欢你""我爱你""你真聪明"等夸奖言语的人，常会直截了当地指出："你不喜欢我，你说的不是真话！"

在儿童和青少年们面前作假或说谎是不容易的，尤其是面对那些心理有问题的孩子们，绝不是谎言和蒙骗所能对付的，他们往往非常敏感，而且又相当脆弱。

不过，正是由于儿童们的率真和淳朴，他们完全能够辨别和理解所有真诚对待他们的人。他们不仅能深刻地了解自己的家人，也能清晰地知晓任何善待自己的老师、同学和朋友，当然也包括心理治疗师。

那些长期与患有心理障碍的儿童和青少年相处的老师、社工或心理治疗师们常说："有残障的孩子更懂人性。他们往往不以言语来评价一个人，他们是用内心去试探与他们交往的人。"

在心理治疗过程中，每每看到幼稚的孩子画了一张小卡片，上面用简单线条画两个手拉手的人，然后告诉治疗师："这是我和您！"那时，治疗师会体验到来访者的信任；当儿童把他们珍藏的一个小玩具、一颗糖、一块捡来的漂亮石头、一个小小发夹郑重地当礼品送给治疗师时，治疗师会体验到他们的尊重。

当疗程休整或结束时，不善言语的年幼来访者猛地冲过来，紧紧地拥抱着治疗师，恋恋不舍地问："我什么时候可以再见您？"或者，当一向霸道不听话的青少年来访者腼腆地问："我还可以再来这里吗？"

这些简单的话语常让治疗师感动无比，为自己是一名儿童和青少年心理治疗师而倍感自豪。

还有一些儿童和青少年，因为心理障碍或其他原因，从小没有体验过父母的关爱，他们所经历的是被咒骂、被遗弃、被欺凌、被责难，甚至被关进管教所。人们总以为他们是些没有教养、没有礼貌、不通情理的孩子。但是，在结束疗程与他们告别时，他们主动地向治疗师吐出了"谢谢您"三个字！这个极其平常的句子足以令治疗师热泪盈眶，感慨万分。

多少年后，每当治疗师与曾经扶助过的儿童和青少年们偶遇时，或者从某个渠道知道那些从死亡的边缘挣扎过来的年轻人正在茁壮成长时，或者听说了那些心理曾被扭曲和刺伤的人走出了心理泥潭而健康地工作和生活时，作为心理治疗师，那份内心的喜悦和成就感是难以用言语来表达的。

治疗师们都知道，儿童和青少年是在不断成长的，如果他们能走上一条恰当的道路，他们会有美好的前景。治疗师们也明白，患有心理障碍的儿童和青少年不仅仅需要治疗，他们更需要真诚的关爱。

注重儿童和青少年的特殊性，而不是刻板的规定

古希腊有个神话，传说某个城堡的主人为了让所有居民的个头整齐划一，在城门口摆了一个"截体盒"。这个"截体盒"是一个标准人物的体型盒，每个进城的人都需躺在盒子里量一下身材。如果人长的太高，就要截短双脚；如果人手太长，就要割掉双手；太胖太小的人都不适合"截体盒"，因而也不能进城。于是，这个城堡内除了少数

标准体型的人外,其余都是残缺人士。

在现实的生活和学习环境中,是否也有"截体盒"设在儿童和青少年的面前呢?

世界上没有两个完全相同的孩子,从新生儿呱呱坠地那一刻起,每个婴儿的哭声和手脚的移动都不一样。即便是有着同一颗心脏、同一副肺脏的连体儿,只要他们有着不同的脑袋,有着不同的中枢神经系统,他们就有不同的人格特征、不同的思维、不同的情感和不同的行为。

在儿童的成长过程中,许多孩子在相似的环境中生活,接受了相同的教育,但他们却表现出不同的思维方式、不同的情感反应和不同的行为方式。这种特异状况既有孩子们先天因素的影响,也有后天情境因素的作用。

在孩子幼小时,人们已能觉察到每个小朋友的特异性,有的孩子反应灵敏,动作协调;而另一些孩子却动作迟缓笨拙;有的孩子听觉记忆超常,听到一个曲子就能马上哼唱出来,而另一些孩子一件事重复听了很多遍,依旧懵懵懂懂;有的孩子记忆能力不凡,虽然还没达到过目不忘,但是他们只要看过一眼,脑子里就留下烙印,而另一些孩子看了很多遍书,仍不知其所以然。

如果在一个群体社会中,一切都按统一的规范准则,以同一把尺子、同一个秤砣来衡量所有孩子的行为表现,那就忽略了人性的特异。

一些学校热衷于给学生按学习成绩排名,以同一份试卷的"考试成绩"刻板地来评估学生的优劣。校方不仅在校内以大红纸张贴学生的考分,甚至在学校围墙的外侧,也经常可以看到学生成绩的排名次序,优等在前,差者居后。这种排行榜可能会激励一部分成绩优良的学生和家长,但与此同时,也羞辱了另一部分成绩较差的学生和家长。

家长经常会指责孩子:"为什么你会名落孙山,是个差生?""为什么××的排名会在你前面?"孩子们通常无言回答。其实,静心思考一下,每个学生的天资、个性和社会状况不同,有的学生轻易能获得高分,而有的学生费了九牛二虎之力也不行。人与人是不能简单相比的。

就学生而言,他们对待成功的反应也各不相同,有人榜上有名后,满面春风,到处炫耀;而有的学生淡然处之。对待学业的挫败,学生们的反应差异更为明显,有的学生全然不在乎自己的不及格,而一些敏感的学生却不能容忍自己的挫败,焦躁不安,羞愧内疚。一些昔日的"学霸"或"考试状元"进了大都市的重点高校,强强相比,考分居后,他们无法面对自己的"失败",甚至有学生选择了自杀。

在儿童和青少年心理治疗工作中,我们面对的每一个案例都是不同的,人性不同,问题不一,以致的个人—家庭—社会的反应也全然不同。

有的来访者个性爽直,善于沟通,很容易纠正自己不当的行为;而另一些来访者却固执己见,深陷于心理泥潭而难以自拔。即便是使用药物,作用也因人而异,有人疗效极佳,也有人药效不彰。

因此,心理治疗的方式方法需因人而异,没有固定的模式和样板。无论来访者是儿童和青少年,或是他们的家长,心理治疗时所遇到的每例个案都是特异的,即便是同一种心理障碍,因为人性之差异,采用的治疗策略和方法也不一样。在治疗过程中所遇到的疑难病症,更是趋向于不同的极端,这对治疗团队中每个人来说都是重大的挑战,但同时也赋予了无穷的机会和无价的成就感。

注重当下，而不是纠缠过去

儿童和青少年正处于发育成长期，日益趋向成熟。昨天的事件、既往的经历，既有可能对今天的生活产生重大影响，也有可能付诸流水，烟消云散。过去对于今日究竟有何意义，都因人因事而异，需要灵活处理。不过，对儿童和青少年们来讲，更需关注当下，展望未来。

儿童和青少年所经历的创伤事件如果没有及时恰当处理，很有可能成为心理阴影，影响他们的现在、将来，乃至一生。所有关于孩子的重大生活事件，治疗师必须全面了解，不仅要了解事件的详细经过，更要关注来访者当下的感受与受损状况。

比如，有个中学生曾被到他家度假的表哥性侵犯。一年后父母才发现这孩子受到性侵。于是家长、社工都反复盘问孩子当时被性侵的经过，很少顾及那女孩当下的感受。后来，女孩企图自杀。她说，性侵已经过去一年多了，她不愿再去回忆，只想现在高高兴兴地上学，与同学们一起玩耍。但是，现在她的爸妈整日充满怨恨，恨她当时不告诉家长。她体会不到父母对她的疼爱与关心。那些社工们只想惩罚表哥，一次次盘问，一次次揭开她不愿意再回忆的痛苦。那些自称是要帮助她的人都没有顾及当下情境对她的伤害，没人理解她现时现刻的痛苦。她感到无助无望，只想一死了之。

又如，一位母亲锁骨断裂，被送进医院后才说出自己被15岁的儿子打伤。据了解，她儿子在小学时就被诊断患有注意缺陷/多动障碍，表现为注意力不能集中、坐立不安、好动、没有耐心以及行为冲动。由于多动症的影响，这孩子的学习成绩很差，而且不断闯祸。他与同学关系不好,常被欺凌。小时候,他母亲一次次严厉地体罚他。在他年幼时,他母亲用手打他;他稍长大一点,他妈妈就用木棍抽他,还罚他不许吃饭。但是,任何惩罚都没能改善这孩子的行为,反而使他的脾气更为暴戾。

这孩子上中学后,虽然学习成绩欠佳,但富有正义感,见到不公正的事或同学被欺凌,他会挺身而出,打抱不平;他热心,乐意帮助身体残疾的同学;他每次上完体育课都会主动帮老师整理运动器具。在老师和同学的积极鼓励下,他行为良好。

可是,回到家里,他母亲几乎天天数落这孩子过去犯的过错,指责他小时候的坏行为,根本看不到他当下的进步。

无论是因为那母亲的个人心理问题还是社会环境因素的影响,对这孩子来讲,他的过去是抹不去的阴影。那天,他母亲连续骂了他几个小时,认为他是家里的累赘。他极其愤怒,但又不知如何控制怒气,结果一出手就打伤了他母亲。

在日常生活中较为常见的是孩子们没有遵守他们的许诺,原已与家长说好几点一定回家,但到时却迟迟不归,令家长非常着急;或者是孩子们答应家长会做好什么事情,结果食言了,忘得一干二净。于是,作为惩罚,家长就不允许孩子晚上外出,或者不让孩子做他们喜欢做的事情。问题是,家长的惩罚遥遥无期,一次又一次地惩罚下去,并表示不再相信孩子了。

其实,所有的惩罚应该都有期限,需要给孩子改正错误的机会。儿童和青少年所犯的一些过失,随着他们的成长与成熟,有的已被纠正,有的则被淡忘。只是,许多家长和老师对孩子们既往的过错记忆犹新,时不时地翻老账揭老底,那样会严重挫伤孩子的自尊心。

注重儿童和青少年的想法,而不是家长与治疗师的认知

儿童与青少年的一些想法与认知可能不同于家长、老师或治疗师的观点。在帮助儿童与青少年成长的过程中,成人们常迫不及待地把自己的价值观和理念塞进儿童和青少年的脑子里,希望他们尽快成长。然而,事实表明,这么做的结果往往是欲速则不达,孩子并不会一下接纳成人的观点,他们有着自己的主张。

比如,部分青少年认同读书无用论,或者对读书根本没有兴趣。他们不相信无休无眠地读书、做作业能给他们带来更美好的前途。社会上一些暴发户或不靠读书而成功的案例在他们的脑海里留下了深刻的印象。当这些青少年沉迷于手机、网络和电脑,不愿意上学、读书和做作业时,家长只是一个劲儿地灌输"读书万能论"试图来戒掉孩子的"网瘾",希望他们能恢复到正常的学生生活,不过,这种训导式的说教通常效果甚微。

社会需要各行各业的能工巧匠,而不仅仅只有律师、医生和教授。一些青少年立志长大后当大厨,成为理发师,或当个美甲师,其实都是很好的愿景。可有些家长急于把自己深信的"万般皆下品,唯有读书高"的观念塞给孩子,一棍子抹杀他们的想法。当成人不尊重孩子的想法时,也不能指望孩子能真心实意地遵从家长的意见,孩子与家长之间的裂痕由此而加深。

家长们常责备孩子们没有兴趣或没有习惯来表达自己的想法与感受,很难了解孩子的真实思想。事实上,有两方面的原因阻碍了家长对自己孩子的了解。

第一章　对儿童和青少年的看法

其一，儿童与青少年通常很难用语言表达他们内心的真实想法，这或许是因为他们的言语表达能力欠缺，不知如何正确表述；还有可能是某些儿童和青少年情绪不稳，焦虑不安，缺乏自信，因而唯唯诺诺不敢说出心里话。

其二，由于亲子沟通不良，家长一直不善于聆听孩子们的想法，孩子们一直没有机会如实表达自己的思想。因此，要了解儿童和青少年们的真实想法、情感和行为，需要采用适合孩子们的方式来与他们沟通。与青少年们对话时，积极聆听为首要，听时不能开口，一张嘴说话，那就无法倾听了。孩子们的想法与成人们的理念不同，存在分歧，这是经常发生的客观事实。问题是，一旦孩子们说出他们内心真实的、恰恰有悖于家长或其他成年人的想法时，家长和其他成年人会耐心听下去吗？能坦诚地思考孩子们想法的意义吗？还是一听到不同于自己的想法就马上进行反驳？

侧耳聆听是很不容易的，尤其是那些自认为比孩子更聪慧、更明智的成人们。如果孩子们每次开口说出自己不同于成人们的想法时都会即刻受到批评指正，那么，成人们还能期望孩子们在他们面前坦诚直言吗？

沟通技巧中有一条经验：双方意见相同时，支持性意见要快速明了；彼此意见相左时，思考后再作评说。在与儿童和青少年对话时，这经验同样适用。孩子们的意见可取时，应立刻表示支持，这能增进儿童和青少年的自信；倘若他们的意见与成人们的不一样，也不要马上反对，自己可以想一想，待自己的不满情绪消除之后，再平静地与孩子们交流自己的观点和看法，在充分尊重儿童和青少年的立场上有理有据地表达自己的观点。

注重接纳，而不仅仅是纠正

儿童与青少年常有一些与不符合常规的想法与行为，家长、教师和治疗师们不必急于纠正他们，驱使他们走上与众人相似之路。殊不知，那些经常会天马行空地思考的孩子，很有可能成长为富有创新思维的成功之士。

最常见的例子便是左撇子儿童。相对于西方社会，中国的家长常要求孩子用右手写字，硬性纠正孩子的写字动作。事实上，用左手做事的孩子先天就与右利手的人有所差异。"左撇子人士的大脑结构之间也存在巨大差异，"伦敦大学的心理学家、《右手左手》（*Right Hand, Left Hand*）一书作者克里斯·麦克马努斯（Chris McManus）说："我个人的感觉是，左撇子更聪明，但是同时也存在缺陷。你要是左撇子，就会发现自己的大脑的运行方式和别人不大一样，这也会赋予你别人不具备的技能。"

在日常生活中，一些儿童会频繁地眨眼、翻白眼、咧嘴、摇头、耸肩、做出咳嗽声、清嗓声等，成人们会批评指责孩子们做怪样子的"不良动作"，试图纠正这些不雅行为。当家长们劝阻孩子不要做这些"怪相"时，这些"怪相"出现的频率和强度反而增加。事实上，这些儿童是患有"抽动障碍"，越紧张越焦虑，他们的抽动越厉害。成人们对童年行为的不接纳和急于纠正，反而加重了病情。

引致争议更多的情境是一些青少年表现出来的同性恋倾向。家长和社会上的一些成年人，甚至一些治疗师，都难以接受青少年的同性恋倾向，希望通过早期干预及时纠正这种性取向。结果，这些成人与同性恋倾向者之间的隔阂越来越深,矛盾越来越大。孩子们的同性恋倾向并不能够依靠行为治疗来纠正,他们所需要的是接纳、理解与尊重。

注重儿童和青少年的情感,而不是纠结于他们的问题

儿童或青少年闯了祸,家长通常更注重于问题的性质和解决方法,而忽略了孩子们当时的感受。

比如,一个小孩子打破了家里贵重的瓷器花瓶,父母心痛不已。家长一边责骂孩子乱爬乱动不听话,一面小心翼翼地捡起花瓶的碎片,思量着能否再修补。

事实上,打碎花瓶后,小孩子已经知道自己闯祸了,内心非常害怕。他看到父母如此珍惜花瓶,却恶狠狠地瞪着自己,除了大声训斥外,没有人对这次意外事件向他提供一丝安慰。孩子不知所措,只感到自己在父母眼里还不如那个花瓶。"我能成为那个花瓶就好了。"那孩子说。

十几岁的青年擅自开着父亲的汽车外出,一下子把汽车撞了个大凹陷。他战战兢兢回到家,父亲气得一个大巴掌打到他头上,他的耳朵痛得哇哇响,但他仍听见父亲在吼叫:"你怎么没有被撞死?"母亲要他承担修车的费用,要把他十几年攒下的压岁钱都拿出来修车。撞车后他已经吓得全身发抖,他知道自己错了,可是回家后父母没有给他机会认错。当时他唯一的想法就是他撞死就好了,他想知道父亲会可怜那辆车还是会可怜他自己?

可事实上,父母爱子心切,非常担心儿子出车祸受伤,然而不恰

当的行为和言语,却将亲子关系撕裂。

儿童和青少年发生问题后,成人们不能只关注问题的本身而忽略孩子们的感受。在解决问题的同时,也需要积极关注和缓解孩子们的焦虑、恐惧与内疚,犯错后的负面情感有可能伤害儿童和青少年长期的心理健康。

儿童语言能力发展的局限和青少年的反叛行为常使其难以用自己的语言来表述他们所面对的问题和真实的内心感受。此外,家长、监护人或老师观察问题的角度和认知水平存在差异,他们向治疗师提供的信息或许比较局限和片面。如果治疗师纠结于问题的表面,缺乏与儿童和青少年的直接沟通,那就会出现误诊误判,引起不良后果。

比如,一位中学生偷班上同学的文具盒被当场抓住,并立刻报告给校方。校方调查发现,原来这位学生已经偷过很多次,班上同学的文具和小型电子设备的丢失都与她有关。事后,学生的父亲在她的房间里搜出了所有的赃物。那位父亲勃然大怒,大声斥责女儿偷东西,骂她是个贼。这位学生家里的经济条件不错,她父亲表示他从来没有苛刻到不给孩子买文具。老师们也惊讶不已,因为她一直是位学习成绩优秀、听话守纪的好学生。

那女学生承认了自己的偷窃行为,然后就不再说话或解释声辩。学校里对她作出处分,并对她安排了特别的行为道德和学生操守的教育。

之后,她再也没有偷窃过,只是一直沉默寡言,同学们都疏离了她,她显得非常紧张,沮丧抑郁。

其实,这种并非为了自己的需要而出现的频繁偷窃行为通常是严重焦虑引致的行为。该学生通过偷窃来缓解自己的焦虑,实属一种病态行为。遗憾的是，这位学生的家长、老师和学校辅导员在事件发生后，都关注于她的品行，指责她的错误行为，纠结在问题的表面信息，甚至限制她一个人留在教室里，没有人进一步聆听她内心的痛苦和情绪的紊乱。

女孩告诉治疗师，她母亲一年前去世，父亲忙于工作。不知怎么地，她会控制不住去偷同学的东西。事实上她并不需要那些偷来的物品，偷完后她感到十分紧张，赶紧把赃物藏起来。当同学们说起要抓小偷时，她更是焦虑不安，然后又控制不住继续去偷那些她并不需要的东西。那天，她被抓被处分后，她的第一个感觉是自己一下子放松下来了，觉得自己再也不会去偷东西了。只是，事后所遭遇到的鄙视和家长的冷酷，让她觉得自己活着已经没有意义了。

这种看似道德不良的偷窃行为，实际上是心理问题，是焦虑情绪作祟。只有深入了解来访者的心理感受，才能恰当地解决问题，有效地治疗焦虑障碍。

注重优势，而不仅仅是残障

每个残障儿童和青少年都有他们的优势，相信没人对此有异议。

美国电影《雨人》讲述了一位自闭症患者的不可思议的天分。电影主角莱蒙的原型就是金·皮克（Kim Peek），他被认为是"不会遗忘"的人。他是美国犹他州盐湖城的一位脑功能有某种缺陷的患者，然而他却被人称为"专家"，因为他拥有超常记忆能力，精通文学、历史等15门学科，能一字不漏地背诵至少几千本书的内容。由于他可以迅速吸收大量信息并在必要时对其进行回忆，使他成了一本活生生的百科全书和一个行走的全球定位系统(GPS)。

但是,金·皮克毕竟是个自闭症谱系障碍的患者,他到4岁才开始走路,还是以侧身行走。他无法扣好扣子,在其他普通运动技能上都有困难,他在智商测试中的平均分数很低。人们建议金的父母把这孩子送去儿童教养院,但是金的父母还是选择在家中抚养他。他们很快意识到他们的儿子脑子极棒。在父母的帮助下,金有机会发展出他的惊人才能。

在心理治疗室里,治疗师有可能遇到各种类型的来访者,无论是自闭症谱系患者,还是多动症、焦虑症、抑郁症、强迫症、精神分裂症或其他类型的心理障碍患者;无论是儿童或青少年,他们都能感觉到自己与其他人都不同,尽管他们并不清楚自己到底有什么问题,但他们知道家人或社会上的一些人"不喜欢"他们,因而自信心低下,易被激怒。不过,当人们注重他们的长处与优势时,他们的自信就会增加,脾气变好,精神状态就趋向积极。当然,在现实生活中,并不是每位患有心理障碍的儿童和青少年都像金·皮克那样有着超凡的天赋,但是这些孩子都具有程度不同、性质不一的优势,有时也会冒出令人惊讶的才智火花。

比如,有位患有精神分裂症的女孩,她自幼喜欢画画,但是家人一直没有注意她的绘画天赋。在住院期间她画了很多画,治疗师发现她的画与毕加索的画风类似,于是就把毕加索的画册给她和她父母看。大家都十分惊讶这个行为孤僻怪异、根本没有看过毕加索画作的小女孩居然也有大画家的绘画风格。在家长和周围人们的鼓励下,女孩的自信大增,情绪好转,后来她的画在社区的绘画展览里频频获奖。

第一章　对儿童和青少年的看法

一个孩子喜欢做的事情通常就是他的优势所在。治疗师发现一位患心理障碍的小学生特别喜欢玩关于厨房的玩具,还自我叨唠着这是什么饼干,那是什么蛋糕。治疗师与孩子家长商量,能否在家里让他参与做些糕点。家长试着让他帮忙烤蛋糕,那孩子表现出"从来没有过的认真"。他拿着他自己烤的蛋糕到学校里与老师和同学们分享,得到了大家的赞扬。进入中学后,他的厨艺大长,成了"会烤蛋糕的高手",而不是被人鄙视的心理障碍者。

若能与患有心理障碍的孩子们一起玩他们最喜欢玩的游戏,那么,治疗师不仅有可能成为他们最信任的人之一,还能帮助他们改善怪异的行为。曾有一位上课总躲在桌子底下,或蜷缩于教室一角的小学生,他喜欢玩地球仪,他能记住地球仪上所标明的许多城市。治疗师送给他一本世界地图册,与他一起玩"寻找城市"的游戏。每当治疗师、老师、家长和同学赞扬他超凡的城市位置记忆力时,他很得意,自信增加。不久,他能坐到教室里自己的座位上了,还能站起来问答老师的问题。

一位身高马大、情绪容易冲动的中学生,一发火,用手一推,就把两位同学推倒在地。经批评教育后,他不再打人了,生气时就一把提起课桌,将它摔到地上,课桌毁损。当他明白不能损坏公物后,发怒时就把自己的拳头砸在水泥墙上,导致几根指骨骨折。

他的优势是力气特别大,而他的问题是不会管控情绪。后来,体育老师招收他加入学校的橄榄球队。这是个令人羡慕的球队,获奖无数,能成为该球队的一员,在学校里是件非常荣耀的事。在球队里,体育老师不仅是位严厉的教练,更像一个慈父,他善于激励队员们。这位大个子学生在领奖时说道:"有一次我发火,把自己的电脑摔坏了。教练没有批评我,只是夸奖我球打得好,球队需要我,让我知道我是个有价值的人,不希望我因为发怒犯错而被迫离开球队。他的鼓励让我下决心去学习控制自己的怒气。从那以后,我再也没有大发脾气了。"

当一个人的优势被人们肯定时,他的自信大增。他在发扬他的优势时,自然会纠正他的短缺。扬长避短,效果甚佳。

尊重儿童和青少年,而不仅仅是管教

尊重儿童和青少年,这不仅仅是文字上的表达和言语中的敷衍,而是要落实在日常生活大小问题的解决过程之中,体现在心理治疗的关键决策和细节处理之间。

尊重并非无原则的宠爱,尊重是认真对待孩子们的看法,维护他们的尊严。

有一位中学生,他的父亲犯罪被关押,母亲也有问题,被限制行动。这位曾经受到父母百般宠爱的富家子弟,突然之间命运发生骤变。该学生情绪抑郁,紧张焦虑,主管老师很敏感地觉察到他的异常表现。该学生如实向老师诉说了自己家里的问题和他的恐慌,他不知道自己今后该怎么生活。他恳求老师给他留点面子,保护尊严,不要把他家里的事告诉别人。老师答应了。但是,那主管老师转身进了办公室就把他家的丑事告诉了其他的老师。那老师认为,大家都是老师,可以知晓学生的情况。殊不知,流言很快在师生、员工中传播,那位学生不堪大家的嘲笑或怜悯,写下遗言,责备老师连那么一点尊严都不给他留下,随后就自杀了。

另有一位离家出走的女生,晚上没有地方可停留,就去了以前的男同学家里,想在他家休息一下。那男同学和他的父母接纳了这个情绪极其低落、疲惫不堪的女孩。男孩的母亲还亲自督促女孩给她家里报个平安。男孩和他父母没有逼着问她为什么离家出走,他们尊重她,他们认为如果这女孩愿意,她自己会说,当下她的安全第一。休息一两天后,在男同学和他父母的帮助下,女生自己回了家。

到家后,女生的父母逼迫她讲出自己去了哪里?与谁在一起?各种恶意的猜测不停地抛向女孩。女孩希望父母能尊重她,相信她,她在外面什么坏事都没有做。女孩说,她不愿意父母去骚扰那些帮助她的好人。她答应父母,她想明白后,她会告诉父母。在治疗师的帮助下,父母没有再提女儿出走的事。他们说,这太难了,明明知道孩子心里有苦,但不能问,孩子也不说,这算什么呀?

在家庭心理治疗时,女儿主动走到妈妈身边,侧身靠着母亲,双手握着妈妈的手,低声地说:"妈妈,非常感谢你没有逼我说什么。我知道这对你很难,其实我也很难。妈妈,爸爸,请你们再给我我一点时间想想。请相信我,我会努力的。"言毕,母女俩抱头痛哭。

孩子有权保持沉默。儿童和青少年只有在被尊重的环境下,才能学会尊重他人。

第二章

儿童和青少年心理发展理论

儿童和青少年心理发展理论，不同时期有着不同的论述，不同的派别也有着不同的观点。从心理治疗的角度来讲，各派理论都有助于治疗师充分理解和认识儿童和青少年在不同发展时期的心理特征，能从不同的角度为心理治疗提供至关重要的操作指南。

皮亚杰的"儿童认知发展理论"

1936年，瑞士心理学家让·皮亚杰（Jean Piaget）提出"儿童认知发展理论"来解释儿童如何构建世界的心理模型，他认为智力发展是在生物体趋向成熟、并与环境相互作用的过程中发生的。

皮亚杰提出了儿童认知发展的4个阶段：感知运动阶段、前运算阶段、具体运算阶段和形式运算阶段。

感知运动阶段

出生至18～24个月。这是"从出生到语言获得发展"的阶段。在这一阶段，婴儿通过与物体的物理交互获得认知经验，视觉和听觉逐步发展。婴儿只知道眼前的东西，他们专注于他们所看到的，他们在做什么以及与周围环境的物理交互。因为他们还不知道面对事物该如何反应，所以他们不断地尝试，诸如摇动玩具或扔东西，将东西放入口中，以及通过反复试验来了解世界的活动。在一系列的尝试活动中，婴儿逐步建立起对世界的认知和理解。在脱离了对物体的感知后，儿童仍能相信该物体持续存在。

在临床实践中，治疗师们可能遇到一些儿童和青少年，他们在婴儿期缺乏与周围环境的交互作用而心理发育受损。比如，一个婴儿的母亲患有强迫症，孩子出生后又出现了产后抑郁，她在抚育孩子的过程中，严格限制了婴儿的行动，以致孩子显得非常呆板。

按照皮亚杰的理论，感知运动阶段的孩子应该具有不断尝试周围客观事物的动力，如果有的婴儿对周围事物不感兴趣，只局限于某些个别的玩具，没有与人对视的眼神，这应引起人们的关注。

前运算阶段

2至7岁，从牙牙学语开始，儿童们以自己的身体和动作为中心，从自己的立场和观点去认识事物，而不能从客观的、他人的观点去认识事物。思维活动具有相对具体性，不能进行抽象运算思维。在这个阶段，孩子们能够在脑海中记住并描绘对象，无需在他们面前摆放客观对象。直观的思维促使儿童提出"为什么"和"怎么样"的问题。这个阶段是孩子们想要了解一切的时候。

皮亚杰的发展理论为心理诊断与治疗提供了依据，当一些儿童缺失了同年龄儿童的一般性心理特征时，也为心理障碍的诊断埋下了伏笔。

具体运算阶段

7至12岁，该阶段的特点是儿童能够合理使用逻辑。在此阶段，孩子的思维过程变得更加成熟和"大人化",开始以合乎逻辑的方式解决问题。孩子们能够进行归纳推理,但常在演绎推理中挣扎。他们也知道了物质的守恒性,明白物体固有的属性不随其外在形态变化而发生改变的特性。他们的思维具有可逆性,能反向思考自己见到的变化并进行前后比较,思考这种变化如何发生。他们还能够根据物体各种特性结合的复杂规则进行分类,比如,在垃圾分类的工作中,这个阶段的儿童已能出色完成任务。

形式运算阶段

青春期到成年,人们通过与抽象概念相关的符号和逻辑的使用来证明其智力,同时也发展了抽象概括的能力。由于假设演绎思维是一切形式运算的基础,包括逻辑学、数学、自然科学和社会科学在内。因此,人们是否具有假设演绎运算能力是判断其智力高低的极其重要的尺度。在这个阶段,年轻人开始着迷于自己初露头角的潜力。

皮亚杰强调,儿童的认知发展顺序是不变的,前一阶段的发展是达到后一阶段的前提,阶段的发展不是间断性的跳跃,而是渐进的持续性变化。尽管在发展过程中存在着个体差异,并非所有儿童都在同一年龄阶段完成相同的发展进程,但认知发展具有普遍性,不同文化背景下的儿童的发展过程大体相似。

那些喜欢把自己的孩子与其他同龄儿童攀比的家长,若能学习皮亚杰的发展理论可能有助于打消他们的焦虑。因为皮亚杰早就指出了,孩子在同一年龄阶段的发展进程是有差异的,有时家长们期望值过高,望子成龙,结果欲速则不达,孩子们倍感挫折,家长也焦虑不堪。

皮亚杰还指出,当孩子与周围的世界互动时,他们会不断增添新知识。儿童对环境的每一个心理反应,都是一种适应。如果适应不良,失去平衡,就需要改变行为来重建平衡。在这种不断的"平衡—不平衡—平衡"的纠偏适应过程中,儿童的心理得到发展。

尽管皮亚杰相信智力的终身发展,但他仍坚持认为,形式运算阶段是认知发展的最后阶段,成年人的持续智力发展只是知识的积累。

弗洛伊德的"性心理发展理论"

19世纪末20世纪初,心理学家西格蒙德·弗洛伊德(Sigmund Freud)提出了个体的"性心理发展理论",包括口欲期、肛门期、性器期、潜伏期及生殖期5个发展阶段。

口欲期

从出生到1岁左右,性本能的主要区域集中在口唇,因为婴儿从吮吸、咀嚼、咬等口唇活动中获得快感。此时,倘若口腔活动受到限制或发展不顺利,可能会留下与口腔有关的心理障碍。

在日常生活中,不难发现具有酗酒、大量吸烟、咬指甲、吮吸手指等异常行为的人,仔细了解,往往能发现他们在婴儿期没有获得足够的母乳喂养,或者只有短期的母乳喂养。虽然目前尚无统计数据证明这些异常行为与母乳喂养之间的关系,但从弗洛伊德的理论来看,母乳喂养的孩子在婴儿期能够随着自己的意愿慢慢吮吸母亲的乳头,直到自己的食欲和口欲都得到满足后才松口。而那些缺乏母乳喂养的孩子,主要以人工方式喂养,让他们捧着奶瓶,咕咕嘟嘟很快就吸完各种营养液,在他们的口欲还没有得到充分满足的时候,空空的奶瓶就被拿走了。现在一些家长给婴幼儿提供人工奶嘴,让缺乏母乳喂养的孩子能含着塑料奶头慢慢入睡,从某种程度上来讲,也是增进了婴幼儿口欲的满足。

肛门期

约1至3岁,大小便是幼儿满足性本能的主要方法。父母在幼儿如厕时所创造的情绪氛围将对儿童心理发展产生持久影响。如果厕所训练引起父母与儿童之间的冲突,会引起亲子间的长期纠葛。某些成人所表现出来的冷酷、顽固、吝啬等常被称为"肛门性格",因为弗洛伊德学派认为这可能与肛门期留下的不良影响有关。

性器期

3至6岁,幼儿主要靠性器官部位来获得满足。此时幼儿喜欢触摸自己的性器官,愉悦来自性器官的刺激,在性质上可以称为"手淫"的初始阶段。幼儿在此期间已能认识到性别的差异,于是出现了男童以父亲为竞争对手而爱恋母亲的现象,被称为"恋母情结";同理,女孩以母亲为竞争对象而爱恋父亲,则称为"恋父情结"。

潜伏期

大约7岁左右,该阶段的儿童感兴趣的范围日益扩大,对自己身体和对父母的情感逐渐转为对周围事物的兴趣。在这一时期,男女儿童之间在情感上较前疏远,团体活动呈现男女分离的状况。

生殖期

12岁以后,青春期到来,它唤醒了青少年的性冲动,两性差异显著,有了性生活的意识,性心理的发展臻于成熟。

在这个阶段的初期,青少年们有着想与异性交往的冲动。如果家长对孩子们的这种想法简单粗暴地扣上早恋的帽子,坚决反对他们与异性交往,那就有可能严重伤害亲子关系,阻碍青少年的心理发展,甚至出现心理扭曲。

青春期时的青少年不仅在生理上出现了明显的男性或女性的性征,在心理上的性观念也日趋成熟。因此,这个阶段是性教育的最佳时期,倘若青少年没法获得正规的、健康的、安全的性教育,那他们或许会通过其他途径来探索性知识,也就有可能被不良的性经验所污染。

弗洛伊德认为,无论在哪个性心理发展阶段的发育受阻,都会在该阶段出现心理固结,导致不同阶段的不同心理障碍。

埃里克森的"社会心理发展阶段论"

埃里克森(E.H.Erikson)的"社会心理发展阶段论"指出了个体心理发展的8个阶段,其中前5个阶段解释了儿童和青少年的社会心理发展状况。

埃里克森认为,个体在每个阶段都面临着各种矛盾与冲突,他将其称为"危机"。"危机"既存在着危险,也隐含着希望。个体如果无法恰当地处理危机,那就会产生危险,这个阶段遗留下来的、尚未解决的问题就会阻碍下一阶段的发展。如果个体能够成功地处理了这个阶段的冲突,那他的能力就增强,机会增多,积极的结果将有助于下一阶段的发展。

因此,埃里克森强调每个人都必须学会如何应对特定生命阶段的挑战,在两个极端对立的矛盾中,不要轻易拒绝一方而偏袒另一方,以便在人生最后阶段可以"智慧"地解决问题。

第一阶段为婴儿期

0至1.5岁,埃里克森将其称为人生的第一阶段,其核心是信任与不信任之间的心理冲突,关联着对日后的"希望"。

在这个时期,婴儿是否能发展基本的信任感将取决于婴儿是否获得稳定、持续和良好的护理。如果父母养育得当,婴儿就会产生一种信任感。如果不能发展这种信任,那就会产生恐惧,感觉到世界的不一致,出现不可预测的焦虑。

在儿童和青少年心理治疗的临床实践中,治疗师不难发现一些幼小孩子出现的焦虑和不安全感。进一步了解这些幼儿的成长发育史,就会发现在其婴儿期曾被疏忽照顾,没能按时进食;没人适时帮他们换尿布;当他们需要安抚时,没人理会他们。于是,他们社会心理的发展就会出现"不信任感",对日后的"希望"也变得残缺不全。

第二阶段为儿童期

1.5至3岁,是人生发展的第二个阶段,存在着羞怯与怀疑的矛盾,向往着自主。

在这个阶段,父母协助和促进孩子产生自己有能力独立完成任务的自主感。孩子尝试着自己上厕所,自己吃饭。他们学会了说话,会唱儿歌,他们发现了自己的能力与才华。埃里克森表示,让孩子们在探索中获得自由,同时也营造一个失败并不可怕的环境,那是孩子健康成长的关键。因此,当孩子无法完成任务,或任务失败时,父母不应该惩罚或训斥孩子。

第三阶段为学龄初期

3至6岁,存在着主动与内疚的冲突。

3岁多的孩子开始与同龄人互动,并创造自己的游戏和活动。如果允许孩子自由地发挥领导他人的能力,孩子将产生自信心。如果所有活动均由他人主导,不允许孩子做出某些决定,孩子会表现出盲从,很容易产生内疚感,觉得自己是他人的负担。在这个阶段的成功能帮助孩子形成"目的性"行为的美德,促使孩子在主动与内疚之间找到正常的平衡。

有些家长执意不让自己的孩子"输在起跑线"上,不愿看到孩子落后于他人,积极安排孩子的早期教育,孩子几乎每天要去学习各种课程或技能。假如孩子没有能力完成任务,那么,他们会感到羞耻或疑惑,害怕失败,惊恐焦虑,自尊受损。儿童期的压抑感有可能导致儿童自信心下降,或者趋向反叛。

第四阶段为学龄期

6至12岁,存在着勤勉与自卑的冲突,关键因素是能力。

在这个阶段,教师起了重要的作用。在学校环境中,学生很容易识别自己的能力与其他学生的差异,并且会积极尝试证明自己在社会生活中获取奖励的能力,他们期待着被鼓励和奖赏。如果他们能获得积极反馈,那么他们将更努力地实现目标,对自己的努力产生满足感。反之,教师与家长的限制、怀疑与指责会令孩子们产生自卑感。

当下的小学教育制度以共同性教育为主,学生们在学校里学习的内容基本相同。然而,每个学生的学习能力是不一样的,学生们在学习过程中的反应与表现有着明显的差异。因此,老师和家长们都应非常谨慎,对于某些学生不同于他人的特殊表现不要轻易指责批评,否则不仅会导致孩子们的自卑,还可能挫伤学生的创造性和学习的动力。

第五阶段为青春期

12至18岁,青少年的发展期,存在着自我同一性和角色混乱的冲突,他们追崇的信念是忠诚。

这个阶段的青少年敏感、疑惑和反叛,他们探索并寻求着自己独特的身份。我是谁？我该怎么做？我要去哪里？他们在一系列难以解答的问题中寻找着自己的目标、价值观和理想。青少年渴望融入社会，期盼着被同伴们认可，有着强烈的归属感，尝试不同的生活方式，同时也萌发了爱恋冲动和独立自主的渴望。

家长有时会习惯性地以对待年幼儿童的方式来管教青少年，试图主宰孩子们的学习和社交生活，不允许与什么样的人交往，不可以与谁做朋友，不能做什么，过分限制了孩子们的个人意愿，致使一些孩子们内心混乱，约束了他们社会心理的正常发展。

家长们的人生经验固然重要，但是，社会在变迁，环境在变化，如果父母能向青少年提供积极关注，鼓励他们尝试不同的社交生活，探索新事物，坦然面对挫折与失败，认同自己的角色，就不会陷入身份危机与角色混乱。

第六阶段为成人发展期

18 至 40 岁，主旨是爱、亲密与孤独，这是成人发展的第一阶段，即成年初期。友谊、约会、婚姻和家庭，是他们的生命中重要部分。通过与他人建立良好的友谊和爱恋关系，个人能够体验到爱和被爱的满足，感受到这些关系中的安全、关爱和承诺。反之，那些未能建立持久关系的人可能会感到焦虑和孤独。

第七阶段为人生发展期

40 至 65 岁，特征为护理、生成与停滞。在这段时间里，人们通常会安顿下来，明白哪些东西对他们的人生来说是重要的。有人事业风生水起，富有成就感；有人发展平和，能享受到幸福与天伦之乐，因而心满意足。但也有人一路跌跌撞撞，落寞潦倒，不尽如人意。

如果一个人对自己人生不满意，他们通常会对自己过去做出的决定感到遗憾,产生自卑感。他们的认知与情感不仅是对自己的一种磨难,同时也会影响到自己的孩子。破碎的家庭、撕裂的亲子关系和坏脾气的父母都是孩子们的悲哀。

第八阶段为人生成熟期

这是人生的最后一个阶段,影响着65岁及以上的年龄组。这阶段被称为智慧、自我完整或绝望。

在人生的最后一章,倘若能本着对生命的明知和超然的关注,智慧地对待死亡,则能无憾地回顾自己的人生。相反,若对既往耿耿于怀,对未能实现的目标深感内疚,后悔自己当初应该如何如何,那将导致抑郁和绝望。

"个人的社会心理发展的每个阶段都至关重要,尤其是自我身份的认同与发展影响着人的一生。"埃里克森如是说。

约翰·华生的"行为主义儿童发展理论"

美国心理学家约翰·华生(John B. Watson)有一句名言对儿童发展的理论产生了重要的影响。他说:"给我一打健全的婴儿,把他们带到我独特的世界中,我可以保证,在其中随机选出一个,都可以训练成为我所选定的任何类型的人物——医生、律师、艺术家、商人,或者乞丐、窃贼,不必考虑他的天赋、倾向、能力、祖先的职业与种族。"

华生在儿童发展的"先天论与后天论"的辩论中,始终坚定地站在后天一方。他在《行为主义视角下的心理学》(Watson,1913)一文中将行为心理学定义为"自然科学的纯粹客观的实验分支",其"理论目标是行为的预测和控制"。他指出,行为主义是对人类行为的科学研究,它的真正目的是为人类行为的预测和控制提供基础。行为主义为做出某个行动的人提供了他为什么这样反应的理论基石。

华生强调,心理学是以客观的态度去研究可观察的行为,人的所有行为都是后天习得的。他设想,他能够使婴儿害怕一些一般婴儿不会害怕的东西。他认为,作为人体的无条件反射,儿童会对巨大的声响表现出与生俱来的恐惧反应。如果把这种无条件刺激与一般孩子不会害怕的特定刺激,如小狗、小白鼠等结合起来,那就可以引起这孩子对这些特定刺激的恐惧性条件反射。

1920年,华生做了一个颇有争议的"小阿尔伯特实验"。

华生找到只有9个月大的男孩阿尔伯特来进行实验。工作人员先把一只小白鼠放在阿尔伯特身边,小家伙一点都不害怕,高兴地用手摸、用手抓小白鼠。后来,当阿尔伯特触摸小白鼠时,实验员就在他身后用锤子敲一根钢管发出巨大刺耳的声响。小阿尔伯特被吓得猛地一颤,显示了明显的恐惧表情。随后,实验员又把小白鼠放在阿尔伯特的面前让他玩,小家伙没有害怕,仍伸出手去摸它。就在阿尔伯特的小手碰到小白鼠时,他身后又响起了敲击钢管的巨大声响。阿尔伯特吓得猛地向前扑倒,把脸埋了起来。

小阿尔伯特摸小白鼠和敲钢管声同时响起的实验进行了好几次,阿尔伯特很快就形成了对小白鼠的恐惧条件反应。只要一看见小白鼠,即便没有敲钢管的刺耳大声,他都会非常害怕。实验更进一步显示,阿尔伯特对其他毛茸茸的东西也产生了恐惧感,如兔子、狗、皮大衣、绒毛玩具娃娃,他都不敢触摸,会感到害怕恐惧。

通过小阿尔伯特的实验,华生指出:我们只要找到不同事物之间的联系,再根据条件反射原理加以强化,使刺激和反应之间建立起牢固的关系,那么,我们就可以控制和改变人的感受与行为。

尽管华生的行为主义理论不乏偏激之处,但它是当今盛行的认知行为疗法的基础,大量的实践证明了儿童的行为发展与环境的刺激密切相关。

比如,一个小孩从小由严重焦虑的母亲抚养,他妈妈一看到蜜蜂、苍蝇就大声惊叫,被抱在妈妈怀中的孩子也被母亲的尖叫声吓到。待那小孩稍大一点后,每每看见蜜蜂、苍蝇也会大声惊叫,虽然那时他妈妈并不在场。

在日常生活中,类似小阿尔伯特实验的情境经常发生,这提醒着儿童和青少年心理治疗师在关注孩子的问题时,需要充分了解孩子在成长过程中所经受的情境刺激。

约翰·洛克的"白板论"

约翰·洛克(John Locke,1632—1704)是一位英国哲学家,被认为是启蒙运动中最具有影响力的思想家之一,通常被称为"自由主义之父"。

1689年,洛克撰写了有关人类知识和理解基础的著作《人类理解论》。洛克指出,人在出生时的心智犹如一块白板(tabula rasa),没有先天的想法,随后的知识仅由后天的感官经验知觉所决定。洛克认为:"心灵中没有天赋的原则",儿童获得知识的唯一途径是通过不同的活动并从中获得经验。儿童从生活中获取知识来填写"白板"。洛克不相信直觉的力量,也不相信人类的思维是天生的。他认为人类只是在出生时具备了一个完整的、容易接受知识烙印的空白板块。儿童的知识发展需要父母的帮助,由父母带领着儿童去体验新事物、新知识。养育儿童是成年人最重要的任务之一。

洛克还进一步敦促父母和教师要注意儿童的个体差异,"有些人体格坚挺强壮,有些人自信谦虚,还有些人固执粗心。有些人快,有些人慢",所以,"教育应根据每个儿童的特点来塑造他"。儿童天生好奇,热爱变化和多样性,在激发儿童的兴趣时,需要严谨务实地"调教"他们。按照洛克的信念,学习应该是一项趣事而不是一项任务。儿童需要玩耍,需要忙碌,需要由他们自己的感官去探究世界物体的信息,并从中获取知识。所有复杂的想法都是由简单的思考组成的,教育在人的道德发展和社会融合中起着至关重要的作用。

不过,现代社会中的一些心理学家们并不赞同洛克的"白板论",他们认为人类具有可以继承、并在一定程度上可以改变的遗传特征。

阿尔伯特·班杜拉的"社会认知理论"

1961年,美国心理家阿尔伯特·班杜拉(Albert Bandura)和他的助手们所进行的"波波玩偶实验"将其提出的"社会认知理论"(Social Cognitive Theory)推向高峰。

班杜拉邀请斯坦福大学幼儿园的小朋友参加了"波波玩偶实验"。波波玩偶是一个类似于儿童体型的充气娃娃,小朋友们分别观看了成年男性和成年女性对波波玩偶实施暴力行为或非暴力行为的演示,还有部分小朋友作为控制组成员,什么都没有观看。

实验结果显示:

（1）观察了成人的攻击性行为后，不论那位成人是否在场，被试都有可能模仿类似的攻击性行为，而且他们的攻击性行为明显多于观察了非攻击性行为或根本没有榜样行为的被试（控制组）。

（2）观察了非攻击行为的儿童，他们的攻击性明显少于观察了攻击行为的儿童，而且也低于无榜样的控制组儿童。

（3）儿童更乐于模仿同性榜样的行为，因为他们更认同父母和相同性别的成人。

（4）由于攻击性行为更具男性化的特征，男孩们更乐于模仿攻击性行为，尤其是目睹了男性榜样的男孩。

"波波玩偶实验"证实了班杜拉所提出的社会认知理论。该实验告诉人们，如果成人的行为向儿童显示"暴力行为是被允许的"，那么，儿童对暴力行为的控制力就会削弱。以后当儿童们遇到挫折时，他们更容易表现出暴力的攻击性行为。

现代社会的商家抛给儿童和青少年的电视、电影、电子游戏和网络等节目里混杂着无数的暴力行为，人们责疑这些多媒体信息会对儿童和青少年造成危害。班杜拉的社会认知理论和"波波玩偶实验"从心理学角度提供了理论依据。社会认知理论明确指出，人们可以通过观察、模仿和建模来学习，儿童更容易模仿成人的行为。

社会认知理论被称为行为主义理论与认知学习理论之间的桥梁，它涵盖了注意力、记忆力和动机对个体行为的影响，也指出了社会环境因素的作用。它包含对等确定性、行为能力、观察性学习、强化、期望和自我效能感这6个核心概念。

首先，对等确定性强调了学习是在社会环境中进行的。学习是人（具有一定学习经验的人）、环境（外部社会背景）和行为（实现目标刺激做出的反应)三者之间的动态交互过程。一个人的过往经历决定了他获得和维持这种行为的独特方式。

比如,有学习能力的小学生去学校上课,老师风趣幽默,同学们和睦相处,这个良好的环境吸引着他上学去。孩子会说:"在家里不好玩,我要上学!"

反之,如果有学生在学校里受到欺凌,老师不管,同学们嘲笑,那学生就不愿意再去上学。他的对等确定性失去平衡,他的负面经历引起他的负面行为方式。

第二,行为能力是指个体具有通过基本知识和技能去执行一项任务的实际行动能力。为了成功地执行某个任务,一个人必须知道该做什么以及如何去做。人们从自身的行为后果中获得经验,与此同时也影响了他们所生活的环境。

第三,观察性学习说明了个体能够通过见证和观察他人的行为,然后重现这些行为。如果一个人看到某行为的成功演示,那么他们也有可能成功完成该行为。

"波波玩偶实验"充分演示了观察性学习的范例,在儿童和青少年的成长过程中,良好的或恶劣的榜样都会影响年轻一代的成长。

第四,所谓强化是对个体行为内部的或外部的反应,不同的反应将决定该行为继续进行,还是终止。强化可以是自发的,也可能是环境触发的;强化可以是积极的,也可能是消极的。行为与环境之间的关系紧密相连。

第五,期望是指个体对行为后果的预期。预期的结果可能与健康有关,也可能与健康无关。人们在采取行为之前就预期了该行为的后果,这些预见会影响行为的成功完成。期望值主要源于以前的经验,着重于结果对个人的价值和个体的支配度。

第六,自我效能感强调了个体对自己是否有能力成功执行某项行为的信心水平。班杜拉认为"自我效能"受个体特定能力、个人因素以及环境因素的影响。自我效能感是社会认知理论所独有的,尽管后来其他理论也提到了这个概念。

社会认知理论在儿童和青少年认知发展的研究中起了很大的推进作用。班杜拉指出,既往儿童社会认知和心理健康的研究工作都侧重于研究行为的发生,"这是不幸的,因为公共卫生不仅仅要知道行为的开始,还要知道行为的维持"。

班杜拉强调,人们所观察到的个体称为榜样。在社会上,孩子们被许多有影响力的榜样包围着,如家庭中的父母、电视上的人物、同龄的朋友以及学校的老师。这些榜样提供了观察和模仿行为的示例,包括亲和性的和反社会性的。孩子们注意到某个榜样后会对他们的行为进行编码,以便日后可以模仿和复制他们所观察到的行为。例如,妹妹观察到姐姐因某项特定行为而受到奖励,那么她很有可能重复这种行为。

不过,个体不会自动观察并模仿榜样的行为。在模仿之前常有一些想法、有些考虑,班杜拉将其称为调解过程,即观察行为(刺激)和模仿与否(响应)之间的中介。

作为观察与模仿行为产生之间的调解过程包括了注意、保留、再生产、动机这4个主要的中介。

(1)注意。被模仿行为必须引起足够的注意。人们每天都会观察到许多行为,而其中大多数行为都不值得注意。因此,一种行为是否会被模仿取决于它所能引起注意的程度。

(2) 保留。该行为被记忆的程度。行为可能会被注意到,但并非总是被记住,这会影响模仿行为的产生。唯有被记住的行为稍后才会被观察者模仿。

(3) 再生产。即执行模仿行为的能力。人们每天注意到和记忆了榜样的许多行为,但由于身体能力的限制,即使人们希望能够模仿这种行为,也无法完全做到。

(4) 动机。即付诸行动的意愿。观察者会考虑模仿行为后的奖惩。如果观察者认为有良好的且能期望得到的回报,那么该行为将有可能被观察者所模仿,反之,则不会模仿该行为。

社会认知理论在考察个人行为变化时关注了社会生态模型的多个层面,注重个体和环境的相互关系,环境因素已成为心理健康促进活动的重点。

只是,与其他理论一样,社会认知理论也存在一些局限性。该理论主要关注学习过程,忽略了过去的经验和期望的作用,缺乏生物学和激素如何影响行为的论述。"社会认知理论"不能完全解释所有行为,当人们的生活中没有明显的榜样给定的模仿行为时,尤其如此。

约翰·鲍比的"依恋理论"

著名的"依恋理论"(Attachment Theory)是由英国发展心理学家约翰·鲍比(John Bowlby,1907—1990)提出的。

20世纪30年代,鲍比在伦敦的儿童指导诊所担任精神科医生,他在那里治疗了许多受到情绪困扰的儿童。在工作中,鲍比观察到孩子与母亲之间的关系,尤其是婴儿与母亲的早期分离以及亲子间的适应不良,严重地影响了儿童在社交、情感和认知方面的发展。他发现,依恋是人类在进化过程中,在适者生存原则驱动下的行为,是婴儿为避免被"猎食者"伤害而产生的依恋性举动。

鲍比是一位具有开创性的心理学家和理论家,他在这些观察和治疗的基础上创立了"依恋理论"。

依恋,鲍比将其定义为"人类间持久的心理联系"。依恋最初产生于婴儿与其父母相互作用的过程中,是一种感情上的联结和纽带。依恋是人类生存适应的一个重要方面,因为它不仅提高了婴儿生存的可能性,还建构了婴儿适应性模式,帮助婴儿终生朝着更为良好的生存适应的方向发展。依恋是一种深远而持久的情感纽带,可以跨越时空将一个人与另一个人联系起来。

依恋理论试图描述人与人之间相互关系的动态心理学模型。鲍比强调,依恋理论并不是一种普遍的关系理论,它是对人们在特定情境下作出依恋反应的解释。比如,当儿童受到伤害时,与亲人分开时,感知到威胁时,他们会出现依恋反应。根据鲍比的说法,婴儿在感知压力或受到威胁时,普遍需要与照顾者保持亲密接触。另外,在人类的恋爱关系中也存在着依恋反应。

幼小的儿童因为社会和情感需求,至少会与一位主要照顾者发展成单向性的"亲近关系",依恋人物将成为婴儿探索世界的依靠基础。依恋是适应性的,因为它可以增加婴儿的生存机会。依恋关系是所有社会关系的雏形,因此,破坏依恋关系可能造成人们心理和社交方面的长久不健全。产生依恋的决定因素不是食物,不是谁喂养和改变了孩子,也不是谁在孩子身上花费了最多的时间,形成依恋的关键是爱和反应能力。事实表明,最有可能形成依恋的人是那些对婴儿的信号能做出准确反应的人,是与儿童一起玩耍,相互交流良好的人。因此,投孩子所好似乎是依恋的关键。

根据鲍比的理论,"良好的依恋关系可促使儿童大脑中负责社交、情感、沟通和人际关系的部分以最佳方式增长和发展。"当孩子无法与父母或主要照顾者建立良好依恋关系时,他们将无法理解外界究竟发生了什么,以及为什么。对年幼的孩子而言,他们会觉得没人在乎自己,从而对他人失去信任。无论出于何种原因,如果一个幼儿反复感到被遗弃、被孤立,得不到应有的照顾,他们会理解为无人可以依靠,感到世界是一个危险而令人恐惧的地方,在他们的成长过程中可能出现依恋障碍。该理论还表明,发展依恋的关键时期大约是孩子0~5岁。如果在此期间没有形成良好的依恋,那么孩子将遭受不可逆的发展后果,比如,智力下降和攻击性增强。

导致依恋障碍的原因有很多,比如:婴儿因饥饿或尿布潮湿而哭泣时,没人理会或提供安慰;没人对婴儿交谈或微笑,反而遭受到虐待,婴幼儿只能通过其他的极端行为来引起注意;等等。还有一些婴幼儿被迫与父母分离,经常从一个照顾者手中转到另一个照顾者那里,令他的生活没有安全感。还有一种状况是婴幼儿的父母或照顾者抑郁焦虑,情绪不稳,或疾病缠身,那也会导致孩子产生被疏忽与不安全的感觉。

婴幼儿的依恋问题经常表现为呆板不爱笑,避免目光接触;不会主动伸手去拿东西;经常哭泣或发出奇怪声响;拒绝别人的抚慰。

鲍比在他的《安全基础》一书中谈及初生婴儿与他的照顾者之间的依恋行为,他认为这种依恋行为在儿童迈向成年的人格发展过程中和身心健康维系中起着重要的作用。鲍比发现,那些没有这种依恋关系的人会经常会感到恐惧,不愿探索新的经验。相比之下,对父母有强烈依恋情感的孩子知道自己有"坚强后盾",因而渴望新的经历,更喜欢冒险,这对儿童的学习和发展是至关重要的。

列夫·维果斯基的"社会文化理论"

38岁就早逝的苏联心理学家列夫·维果斯基(Lev Vygotsky, 1896—1934)在他短暂的人生中为儿童的教育和心理发展做出了贡献,他所创建的"社会文化理论"(Sociocultural Theory)至今在教育界和心理学界仍有着重大的影响。

"社会义化理论"的框架是:社会互动在人类认知发展中起着根本性的作用,而这种社会互动就是孩子们的不断学习过程。维果斯基认为孩子们可以通过社会实践来继续学习,在学习过程中,教师、父母、照顾者、同伴和整个文化环境都负有重要的功能。

维果斯基在他的"社会文化理论"中阐述了:社会互动、社会文化制约性、"近端发展区"和"教学脚手架"这4个特征性的基本概念。

社会互动

社会互动是社会文化理论的核心,它在个体的认知发展过程中起着根本性的主导作用。

维果斯基认为,孩子们参与现实的文化活动并与之互动,这是儿童心智发展的必要条件。在社会生活中,因为人与人之间需要沟通,为此人的心智能力就被唤起。这种心智能力的发展受到两方面的影响。

第一,文化差异(Cross-cultural Variation)的影响。人们的心智功能可分成较低心智和较高心智。较低心智的功能与其他哺乳类动物类似,而较高层次的心智活动为人类所独具,包括语言和其他文化工具的使用。由于人们所处的文化环境不同,他们活动的内容和使用工具各不相同,所以在高层次的心智活动上会出现明显差异。

比如,在社会文明低下的地方,人们活动的内容和使用的工具都比较原始,其心智活动受到限制。人类文化工具的使用和发展,如语言和书写的运用,促进了人类的社会交往。在科技发达的社会,人与人之间交流的工具较为先进,孩子们学习并运用这些先进的工具来进行沟通与社交。维果斯基认为,这些工具的使用和内化促进儿童更高的思维能力的发展,使这些儿童的高层次心智能力较为发达。

曾有家长竭力反对儿童玩电脑或手机,认为上网会成瘾,因而他家的孩子直到上中学还没有接触过电脑和手机。因为这孩子生活在大城市,他周围的同学玩起电脑和手机都相当熟练,一些高手已经能够运用编程设计小小机器人,而这位没有使用过先进学习工具的学生就明显落后于其他同学。

第二,双线的发展(Two Lines of Development),即儿童认知在以下两个不同层面上的发展:一是自然性发展,即随着个体的成熟而逐步发展;二是文化性发展,因使用文化工具的不同、参与社会文化活动的不同以及个体行为的文化含义不同而引致的知觉意识出现差异。

比如,手指的伸屈和指向动作原本是毫无意义的躯体运动,手指的灵活性与个体的生理机能相关。但是随着社会文化的发展,人们对手指动作的反应变成了某种人际关系的显示或某种社会意义的表征。人们可用手指来表示"OK""胜利""厉害"或"差欠"等,聋哑人还可以运用手指的动作来进行意愿的表达。个体在不同的文化互动下提高了自身的心智能力。

社会文化制约性

所谓社会文化制约实际上就是在一定的社会文化环境影响下，个人的心智发展明显地受到比他更高智慧、更有能力的人的影响。也就是说，儿童或学生认知能力的提高与他们的老师、教练、家长、周围的成人、朋友、同龄伙伴，甚至是计算机的能力大小相关。如果一位学生遇到极具智慧的高人，或他的老师和教练富有经验，或他的同伴和朋友相当聪明，或他拥有高级的计算机和其他高智能设备，那么他们的心智发展能提高得很快；反之，学习者周围的人都比他差，信息也比较封闭，那么他是"山中无老虎，猴子称霸王"，就得不到有效的指导与启发，只能故步自封，抑或"不进则退"。

"近端发展区"

所谓"近端发展区"(The Zone of Proximal Development, ZPD)是维果斯基提出的一个著名的概念。"近端发展区"通常被描绘为一组同心圆（见图2-1），它是维果斯基建构主义的基础之一。ZPD指的是"我能做"与"我不会做"之间的可发展区域。用维果斯基的话来说，

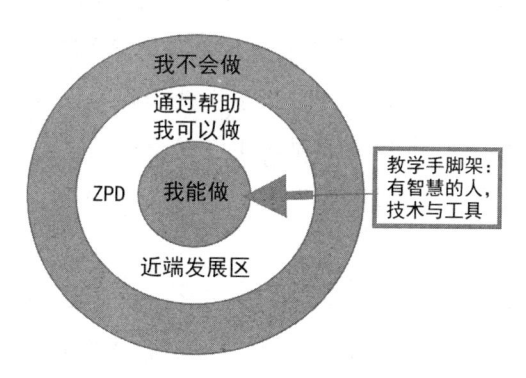

图 2-1　近端发展区(ZPD)

"近端发展区实际上就是潜能发展区域"。在这个区域里,通过有智慧的高人指点;或富有经验的合作伙伴的指导和帮助;或在先进技术和工具的协助下,学习者经过努力就可以从"近端发展区"跨入"我能做"的境地,拓展"我能做"的范围,实际上也就是个体的潜能得到发挥。

"教学脚手架"

"教学脚手架"(Scaffolding),也称为"维果斯基脚手架",或简称为"脚手架",它指的是一种教学方法,即通过老师、教练或更高级的合作伙伴来帮助学生实现他们的学习目标。

心理学家和教学设计师杰罗姆·布鲁纳(Jerome Bruner)早在1960年代就提出了"脚手架"一词,指"所有更高的功能都源于人与人之间的相互关系。"维果斯基的"教育脚手架"概念对布鲁纳的说法进行了更为清晰的阐述。

维果斯基解释道,如果学生未能理解课程中所教的内容,或学生不能达到课文所需的阅读水平,那么,教师可使用"教学脚手架"来提高他们的阅读能力,直到他们能够独立且无须帮忙就能阅读所教的课文。"教学脚手架"就像建筑施工时所使用的支架,它能帮助工人达到更高的层次。当施工任务完成不再需要支架时,支架就被拆除收回。"教学脚手架"也是如此,当学生处于特定任务的"近端发展区"时,提供适当的"助推"来帮助学生完成任务。一旦学生能够自己独立完成任务时,"教学脚手架"便可拆除。

维果斯基对心理学思想的主要贡献之一就是强调了有意义的社会活动对人类意识发展的重要影响。维果斯基相信,社会因素与个人因素的整合促成了学习,社会环境对学习起着至关重要的作用。

第二章 儿童和青少年心理发展理论

儿童现在不能独立完成的事，往往有可能在教师与伙伴的帮助下完成，于是，儿童掌握了技能，到明天，他就能独立完成任务。

维果斯基提出的"近端发展区"概念，揭示了教学的本质不在于训练、强化业已形成的心理机能，而在于激发、形成儿童目前尚未成熟的心理机能，也就是潜能的挖掘。因此，教学应该成为促进儿童心理机能发展的动力，只有走在发展前面的教学才是好的教学。

在儿童和青少年的心理治疗中，维果斯基的"近端发展区"概念也获得了广泛的重视。患有心理障碍的学生通常在"我能做"和"我不能做"之间有着巨大的鸿沟，"近端发展区"很难启动。所以，治疗师需要与家长、老师、社工、医务人员们联动起来，找到适合该学生的特定的"教学脚手架"，而不是通常学校里普遍使用的学习工具，一般的教育方法。唯有适合于该心理障碍患者的特定的"教学脚手架"才能跨越鸿沟，激发出他们的潜能。

第三章

儿童和青少年心理治疗的理论流派

儿童和青少年的心理治疗是治疗师与儿童或家庭之间的治疗性对话与互动,旨在帮助儿童和家庭了解和解决情绪和心理问题,改变行为方式,促进心理健康。心理治疗有多种类型,涉及不同的方式方法和干预措施。尽管不同的治疗师持有不同的治疗理念和措施,但实践证明不同心理治疗方法的组合与互补则效果更佳。在病情严重的情况下,常需要将药物与心理治疗相结合才能控制病情,达到良好的治疗效果。

认知行为疗法

认知行为疗法(Cognitive Behavior Therapy,CBT)被认为是临床运用最为广泛,而且效果良好的一组心理治疗方式。在儿童和青少年的心理治疗工作中,认知行为疗法也是运用最多的治疗模式。

认知行为疗法不是单一的治疗方法,而是一系列旨在改善健康的心理社会干预模式。认知行为学派认为,心理问题是由人们的认知偏差造成的,所以治疗应致力于挑战和改变无用的、扭曲的认知,矫正不适应行为,改善情绪调节功能。

认知行为疗法是行为疗法和认知心理学的结合,是"以问题为中心"和"以行动为主旨"的治疗措施。认知行为疗法针对当前需要解决的问题来寻找应对策略,以此来减轻症状和相关的困扰。

认知行为疗法的治疗师会帮助来访者认识到人的思想、情感和行为息息相关,它代表着生活经验的3个不同的层面。人的心理结构犹如一个三角形,3个角分别代表着思想、情感和行为。三角形任何一角的变化,其他两个角将随之发生变化。思想变了,行为和情感会变;行为变了,情感和思想同样会变。人性是一个互动的三角模型(见图3-1)。

图3-1 人性三角

比如,一位抑郁症患者,他的情绪非常低落,他的思维方式和他的想法就变得很消极,没有动力,看不到希望,内心压抑,甚至出现绝望的想法。他对各种活动都没有兴趣,个体的运动明显减少。抑郁的情绪导致了消极的思维,消极的思维又阻碍了个人的行为,什么事情都不想做。退避在家里的消极行为又强化了抑郁的情绪,这个负性循环使病情恶化。

认知行为疗法治疗抑郁症,就是要设法扭转抑郁的负性循环为积极的正面循环。

人性三角的思想、情感和行为相互影响的动力强度并非一致,思想很容易激发情绪的变化,但思想本身的转变却比较困难,三者中比较容易控制和变化的是行为。

因此,认知行为疗法的治疗师会从比较容易改变的一角着手,协助来访者设定行为目标,以行为的改变来促使思想和情绪的变化。比如,帮助抑郁症患者制定每天外出进行适当运动的目标,通过运动,患者会感到情绪好转,进而改变自己认知的偏差,随后走出抑郁困境。

认知行为疗法可以有效治疗抑郁、焦虑和多种常见的儿童和青少年心理障碍,特殊形式的认知行为疗法还能帮助儿童应对创伤经历,并在预防和干预青少年的自残自杀行为中起到良好的作用。

接受和承诺疗法与辩证行为疗法

20世纪80年代,在心理治疗领域中"接纳与承诺疗法"和"辩证行为疗法"脱颖而出,日益兴旺,成为认知行为疗法后的第三波浪潮,打破了认知行为疗法独占鳌头的格局。

从心理治疗发展模式来看,行为治疗(Behavior Therapy,BT)被称为心理治疗的第一波浪潮。传统的行为治疗聚焦于直接的、外显的行为改变。虽然它有一定的疗效,但是这种把人当成动物来进行训练的模式逐渐遭到质疑,再说治疗方法过于简单局限,不能解决临床上的众多难题,因而行为疗法逐渐退到舞台后侧,融入其他的角色之中。

第二波浪潮即认知行为疗法(CBT),它不是单一的方法,而是一系列旨在改善健康的心理社会干预模式。认知行为学派认为,心理问题是由人们的认知偏差造成的,所以治疗应致力于挑战和改变无用的、扭曲的认知,矫正不适应行为,改善情绪调节功能。认知疗法与行为疗法相结合,相得益彰,促使认知行为疗法成为最广泛应用的一组心理治疗方式。

1982年,美国临床心理学家史蒂文·海斯(Steven C. Hayes)掀起了认知行为疗法后的第三波浪潮,开发了"接受和承诺疗法"(Acceptance and Commitment Therapy,ACT)。该疗法更多地关注人体与思想、情感的关系,而不是其内容,也不是试图改变和停止他们不想要的想法和情绪。

ACT学派认为,心理痛苦的六大根源是经验性回避、认知融合、脱离当下、自我概念、价值混淆和无效行动。

当人们经受心理痛苦煎熬时,总想消除痛苦,与痛苦情绪抗争或回避痛苦,把自己的想法当成真实的,思维被绑架,总是回忆过去或者担忧未来,没法关注当下,武断地给自己贴标签,负面地评估自己,目标不清晰,不知道自己究竟想要什么,于是出现冲动行为和无效行动,抑或是躲避不行动,这都有可能陷入越来越糟的境地。

当一个人在生活中遭受痛苦时,有什么方法能够激励他呢?海斯经过长期的研究与实践后提出的答案是:"心理灵活性"。

对于人类来说,外界环境瞬息万变,唯独提高心理灵活性,才能适应环境,解除痛苦体验。海斯将心理灵活性的精髓简化为"以爱心的态度对待自己的痛苦,那可以使您把爱和贡献带入世界"。这是"接受和承诺疗法"的基石。

海斯将"接受和承诺疗法"付诸于临床实践,鼓励人们敞开心扉,学会"接纳",不要对自己过度反应,也不要压抑自己被唤起的情绪。ACT指导大家学习怎样将自己从那个情境中抽离出来,站在那里观察、体验和了解自己的思想、情感和行为。不管你体验到的是好的还是坏的,所有的情感都是有机体传递给我们的信息,所有负性情绪的背后都是负性功能。

针对心理痛苦的六大根源,ACT理论所主张的心理灵活性有:接纳放下、认知解离、关注当下、以己为景、明确价值和承诺行动六大核心策略。图3-2所示为ACT心理病理性与灵活性对照模型。

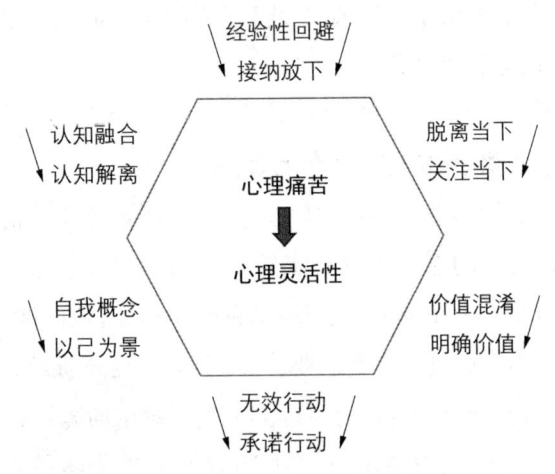

图3-2 ACT心理痛苦与灵活性工作模型

在操作过程中,ACT可分成两个部分。

第一部分是正念与接纳过程。来访者尝试着正念冥想,身体扫描,学习无条件地接纳自己的思想、感觉和记忆,从而从"痛苦的想法"中解离出来,接受现实,体验当下,以己为景。有时,某些不愉快的回忆会浮出水面,搅乱我们的情感,如果我们试图与之抗争,它们似乎会变得更大;反之,当我们坦然接受时,它们就会变小。

人们很容易把对事实的解释与事实本身等同起来。实际上,想法不是事实。人类主要的心理问题源于语言、认知和经历的随机性事件之间的交互作用,其结果常导致人们无法改变自己所持有的价值观,产生心理僵化,"钻进了牛角尖",出现"当局者迷"的状况。倘若我们企图"通过思考来解决问题",那么"解决问题"这个目标就形成一种压力,会使问题变得更大。在正念接纳阶段,若能接纳自己,将自我从思想、意象和记忆等认知过程中分离出来,客观地注视思想活动,如同观察过往车辆,不受其控制,减少主观评判,减少经验性逃避,关注当下,就能与此时此刻的自我相联系,进入类似"旁观者清"的境地。

第二部分是承诺与行为改变过程。来访者通过观察自我而明确了自己的价值观,确认自己的目标,汇聚能量,以承诺行动来过一种有价值和有意义的人生。海斯教授说:"痛苦是不可避免的,重要的是我们与痛苦的关系,我们与问题的关系。""作为一个有意识的人,我们需要更充分地接触自己此时此刻的感受,从而能够在行为上做出改变,以达到既定的目标和价值观。"

在进行儿童和青少年的心理治疗时,过于学术的言语和词藻会使孩子们不知所云,不能真正理解 ACT 的深层含义。有时,治疗过程中可使用角色扮演的形式,让来访者成为旁观者,由他来讲解和评判"当事人"的想法、情绪,然后提出他认为最好的行动方式。角色扮演经常会起到良好的效果,同时增进孩子的自尊与自信。

比如,课间休息时,小学生远远的课桌被几个打闹的男孩子撞歪了,桌上的文具和课本滑落一地。远远顿时火冒三丈,他拿起周围同学的课本和文具就砸向那几个打闹的同学,其中一位同学的头被文具盒砸起一个肿块。远远被罚,他非常生气。

在治疗时,治疗师让远远扮演成一个"隐形裁判"来讲解当时的情境。这位"隐形裁判"既能坦诚地说出那个叫"远远的小朋友很无辜，莫名其妙地被其他人撞歪了桌子"，也谈到"远远当时没有想一想，马上就扔东西了，而且还伤了人，他心里十分害怕。他怕老师不让他上学，怕回家后爸爸会打他"。他还很老成地说："那个远远首先要向受伤的同学道歉，然后自己去向爸爸认错，并保证以后不会再扔东西伤人了。"

在扮演裁判的过程中，远远说出了自己的感受，接纳了自己，也分析了当时的冲动行为。当他站在旁观者的立场上时，能清楚地认识到那些令他不开心的想法不等于事实，因为老师没有不让他上学，爸爸也没有打他，他的焦虑和反叛情绪明显缓解。他知道应该按照正确的方法去行动。

"接纳"与"承诺"的妥善结合便融合成 ACT 的整体。ACT 通过帮助个人确定自己的价值观，在"承诺"过程中为自己的生活带来更多活力和意义。ACT 可以帮助儿童和青少年们理解和接受他们的内在情绪，协助他们更深刻地理解自己情感上的挣扎与困惑，以积极的方式向前迈进。

第三波浪潮的另一重要组块是"辩证行为疗法"（Dialectical Behavior Therapy, DBT）。

20 世纪 80 年代后期，美国华盛顿大学心理学教授马莎·莱恩汉（Marsha M. Linehan）研发了一种改良形式的认知行为疗法，称为"辩证行为疗法"。

在临床实践中，既往的认知行为疗法在试图改变病人痛苦的情感时，过分强调了心理状态的"改变"，容易挫败患者的自我效能感，放弃治疗，从而导致很高的临床脱落率。在心理治疗过程中，莱恩汉

第三章 儿童和青少年心理治疗的理论流派

教授观察到了理性与情感之间的冲突,接受与改变之间的不协调,还有那些"无动力"患者和"倦怠的"治疗师之间的多种矛盾,于是她结合了CBT、禅修、辩证哲学等方法形成了"辩证行为疗法",鼓励病人接受抑郁或痛苦等情感,运用辩证法来分析行为和解决问题。

DBT适用于处理严重情绪问题、自残自杀、药物滥用以及边缘人格障碍等案例。

辩证行为疗法包含核心正念、痛苦容忍度、情感调节技能与人际交往能力四大模块。

第一,核心正念(Core Mindfulness Skills),即治疗中的"正念接纳",类似于禅学中的"顺其自然",觉察自己的情绪体验而不是作出情绪反应。

第二,痛苦容忍度(Distress Tolerance Skills),面对压力时,运用自我安抚的方式,增进自己对压力和痛苦的容忍。

第三,情绪调节(Emotion Regulation Skills),当负面情绪涌现时,采用情绪调节机制,尽量采取积极的行为反应。

第四,人际交往能力(Interpersonal Effectiveness Skills),有效的人际交往能力体现在对待他人时能镇静、尊重与关注。

DBT是一种人际性治疗,良好的治疗需要适当应用医患关系中的辩证张力,而不是非人性化的逻辑来促进来访者的改变。

在治疗时,有3个问题值得来访者思考:

(1)你此时感受如何?

(2)你正在做什么?

(3)你现在做的事情与你想做的事情一致吗?

回答这3个问题时需要运用正念的觉察技能,体验当下。

觉察到的事件和事件本身是不同的。比如，回答第一个问题时，有些青少年说："我感受不到女朋友对我的爱"或"她根本不爱我"。这表明了他的感受，他的情感反应，但不一定是客观事实。因为"爱"是一个模糊的概念，每个人对爱的定义和表达的方式不一样。当人们用语言来陈述某些客观情境时，很容易把自己察觉到的个人感受与事件本身、个人期望等因素混淆在一起。

回答第二个问题时，这位失恋的年轻人说起他希望能挽回他与女朋友的关系，于是他白天黑夜不停地给女朋友打电话发短信，指责她没情谊，还守在女朋友家门口限制她外出。结果那女朋友吓得躲到他找不到的地方。

当来访者回答第三个问题时，他觉察到自己正在做的事情与他想要做的事情并不一致。他对女朋友不停地指责谩骂，结果是迫使女朋友愤然离去，而不是和好如初。

DBT强调医患关系中的辩证张力，而不是用教条的、非人性化的逻辑来促进来访者的改变。治疗师应该倾听来访者的思想、情感和行为，帮助来访者检查他们如何处理剧烈的内心冲突和难以遏制的负面情绪，使来访者产生自我效能感。医患双方必须明白，任何真相都不可能在瞬间就被彼此理解，而且每一个真相都包含着矛盾的对立面。

人和环境都处在不断的变化之中，心理治疗的有效性基于在改变和接纳之间达成一种辩证的平衡。莱恩汉教授指出：心理治疗的目标就是帮助来访者更好地应对客观世界的变化。在治疗时，医患双方都须摒弃自身固有的社会角色，彼此共同变化，因为辩证过程不允许治疗师在试图改变来访者的同时，自己却保持静止不变。

DBT的崛起为一些疑难心理问题的治疗开启了一扇光亮的大门。它常用于治疗慢性自杀倾向、故意性自残行为、药物滥用和边缘性人格障碍等问题。DBT既可运用于个人心理治疗,也常与团体心理治疗相结合。

人们曾质疑第三波浪潮是否会冲毁第一、第二波浪潮,事实并非如此。后来的"浪潮"不仅不会将前几代冲走,新涌来的浪潮会吸收并包容先前的精华,以最有效的方式改善心理治疗技术。

心理动力学疗法

心理动力学疗法(Psychodynamic Therapy),也称为精神分析疗法(Psychoanalysis),着重于无意识过程,是深度心理学的一种形式,其重点是揭示来访者心理的潜意识内容,以缓解心理紧张。也就是说,治疗师通过精神分析来寻找导致问题的根源,治疗或缓解心理疾病。

精神分析是弗洛伊德的学说,是最初的心理动力学理论,也是他的治疗手段。按照弗洛伊德自己的说法,精神分析是他"研究和治疗'癔病'(神经症)的方法"。

而"心理动力学"一词既指弗洛伊德的理论,也指他的追随者的理论。整个心理动力学疗法不仅基于弗洛伊德的思想和他的理论,也涵盖了荣格(Jung,1964)、阿德勒(Adler,1927)和埃里克森(Erikson,1950)等心理学家的理论和治疗方法。

心理动力学的基本假设是:人类的行为和它的发展是由欲望、动机和冲突所驱动,是由心理内部的无意识所决定。弗洛伊德指出,心理内部的因素可引起正常的或不正常的行为,无法控制的焦虑和困扰不休的妄想都可归咎于内心冲突没能得到解决。或者说,心理困扰是人的欲望没有得到满足所致。

根据弗洛伊德的观点,无意识是人类行为的主要根源,就像海面下的冰山一样,是头脑中最重要的部分,也是人们所看不见的部分。人们的感受、动机和决定受到人们既往经验的强烈影响,它们都被存储在无意识之中。

弗洛伊德的"心理决定论"认为,几乎所有的人类行为(甚至事故)都是有原因的,或有意义的,它们向我们提供了内心隐蔽着的冲突和内在动机的线索。比如,约会迟到,它很可能是个体的无意识中存在着不愿意赴约的动机。

弗洛伊德继无意识理论之后,又发展了一套人格结构模型。他相信人类的心理结构由本我、自我和超我组成。

他还认为,儿童时期的"早年经验"对个体今后的发展起着重要的作用。他强调,儿童需要父母、兄弟、姐妹、同伴或权威人物对他们的特别关注。若儿时的需要得不到满足,经受了冲突或挫折,那么,他们长大后有可能出现行为问题和精神障碍。

安娜·O(Anna O,1859—1936)被弗洛伊德称为"精神分析疗法的创始人",实际上她是一位歇斯底里症患者,她的真名叫贝莎·帕朋海姆(Bertha Pappenheim)。她的名字之所以载入心理学史册是因为她是弗洛伊德最重要的案例。安娜具有多项歇斯底里的症状,如语言障碍、神经痛、轻度瘫痪、视力障碍、情绪波动、梦游、失忆症、饮食失调,她还经历了假孕。尤其是安娜的"移情"现象和歇斯底里的性欲引起了弗洛伊德更大的关注。

在治疗过程中,弗洛伊德发现每当要求患者讲述白日梦的故事时,安娜都会平静下来,言语障碍等症状得到改善。这种治疗方式被视为精神分析疗法的开始,它既强调了先前的创伤和潜意识观念对意识的影响,又催生了"谈话疗法"的运用。随后,这种"自我陈述"的方法成为精神分析疗法中的核心理论——"宣泄理论"。

弗洛伊德指出,病人的无意识冲突和其他心理因素的作用成为病人的"疾病过程",而"问题行为"是这些过程的"症状"。人类内心是一个竞技场,在那儿,人们的"要求"(wants)必须受到"能够"(can)或"应该"(should)做什么的控制,即欲望与道德制约的博弈。

在后期心理学家的发展和推动下,心理动力学的关注重点涉及了更多的领域,不只是探究个体的无意识、弗洛伊德的人格结构模式、防御机制和移情等,还关注了集体无意识、社会心理的发展和人际关系的形成等多方面因素。

心理动力学理论指出,人们童年时期的事件对其成年后的生活有着很大的影响,从而塑造了人们的个性。个体成年后的行为和感受(包括心理问题)都植根于童年的经历。

心理动力学的治疗方法侧重于案例分析、自由联想、催眠、投射测验和梦的解析等,可运用的领域很广泛,如情绪障碍、性心理发展障碍、社会行为发展障碍、攻击性行为、依恋障碍的治疗以及梦的解析等。

在儿童和青少年的心理治疗领域,心理动力学疗法已逐渐被儿童心理治疗师所接受,并且取得了良好的效果。

心理动力学疗法着重于幼儿期的发展和幼儿人际关系的形成。持心理动力学观点的人们认为,个体的无意识者会将痛苦的感觉和记忆保存下来,这些感觉和记忆对于有意识的头脑来说难以处理。许多孩子在成长的过程中发展了防御机制,将一些痛苦的回忆和经历隐藏起来。心理动力学疗法的目的是使无意识的思想进入意识，它可以帮助儿童和青少年体验并理解他们所经历过的真实情景和不愉快的感受，学会应对它们的策略。心理动力疗法的重点是提高儿童和青少年的自我意识，检查自己的内心冲突和挣扎的反应，减轻症状，增强适应能力，从而过上更健康的生活。

在临床实践中，由心理动力学原理主导的儿童催眠治疗效果良好，有时还会出现非常神奇的效应，因而引起了众多治疗师的关注。由于儿童比较容易进入较深的催眠状态，因而将催眠与各种治疗手段结合起来治疗各种心理障碍，常起到事半功倍的疗效。比如，在对注意缺陷/多动障碍的儿童进行催眠治疗时，暗示语集中在注意、多动和冲动行为的控制方法，催眠后可发现他们的行为有了很大的改善，上课集中注意的时间延长了，表现得比较安稳，冲动减少。

近年来，时限性动力学心理治疗（Time-Limited Dynamic Psychotherapy，TLDP）在美国悄然兴起，它属于一种短程动力性心理治疗方法。它延续了精神分析的形式，其目标是通过治疗关系所产生的新经验和新理解，来帮助患者改变自身的功能障碍和人际关系模式。

20 世纪 90 年代，美国心理学家汉娜·莱文森（Hanna Levenson）对时限性动力心理治疗的原则和策略进行了解释。她认为，时限性动力学心理治疗着重于人际关系。治疗师通过辨别来访者的周期性适应不良模式，协调来访者去理解自己僵化的、自我贬低的负面评价所导致的适应不良和人际互动失败的方方面面。

该方法具有时间管理的简短动态特征，重点明确，目标清晰，快速评估，及时干预。治疗师与来访者快速建立治疗联盟，因而在慢性的、普遍性机能障碍和人际关系不良等心理障碍方面有着良好的治疗效果。

虽然时限性动力学心理治疗的理论背景是动力学的,但实际上它是一种融合了多种治疗理论的综合体,包括认知行为疗法、依恋理论、情感疗法以及神经科学疗法等。这种简短的治疗模式可促使治疗师变得更为实际、更为灵活,且更富责任感。此外,时间压力也会使治疗师以更主动、更直接的方式来制定治疗目标。

总之,短期和长期的心理动力学治疗都是有效的治疗措施。

不过,弗洛伊德所倡导的精神分析理论和治疗方法问世至今,在受到人们推崇的同时,也备受批评与责难。正如荣格所说:"或许问题太复杂,弗洛伊德的理论不能解释一切。"

随着心理科学的发展,对心理动力学方法的最大批评是:它在分析人类行为方面是不科学的。弗洛伊德理论的许多核心概念都是主观的,因此很难进行科学检验。

心理动力学治疗模式在实践中不断变化着。弗洛伊德的原始精神分析学说所强调的行为中性本能的驱动力,已被随后的学者们突破,不再将它视为心理动力的源泉。所有理论修正中有两个共同特征:一是无意识本能不再是动机的核心作用;二是社会文化所造成的不同影响与认知制约着动机和行为。

变化是必然的,也是始终存在的。

家庭治疗

儿童和青少年的心理问题从来都不只是儿童和青少年个人的问

题，无论是心理问题的产生，还是心理状态的康复；无论这个家庭是由血缘亲人组成，还是由养父母或寄养家庭组成，孩子从出生的那一刻起，他的方方面面都会受到这个家庭的影响。如果一个孩子出生在一个拥有健康关系的幸福家庭中，他很可能会习得如何保持健康人际关系的方法。倘若一个孩子出生于一个功能失调的家庭，家庭中每个成员都难以与他人建立适当的关系，那么，这个孩子也可能难以与他人建立良好的联系。

家庭治疗（Family Therapy）是一种心理治疗形式，通过改善家庭成员之间的互动系统来减少痛苦和冲突，协助家庭解决影响家庭健康和功能的特定问题，帮助家庭度过困难时期，也能协助家庭处理和应对家庭成员的精神或行为等健康问题。家庭治疗的重点是通过探索与交流，向该家庭成员提供支持和教育，以更积极的和建设性的方式来帮助家庭运作，协助儿童和青少年健康成长。

儿童和青少年寻求家庭治疗的原因多种多样，比如，无法适应学校的学习环境，情绪问题，进食障碍，家庭经历重大创伤或变化，家庭暴力，父母冲突，家庭增添新成员或家人丧失等。家庭治疗对药物滥用和自残自杀的干预都有着良好的效果。

家庭治疗的参与者通常包括儿童与青少年、他们的父母、兄弟姐妹、祖父母和一些与他们密切相关的人士。

美国心理学家迈克尔·赫尔科夫（Michael Herkov，2016）博士曾解释道：家庭疗法从更大的单元——家庭的角度去看待个人的问题。这种治疗的前提是，如果不了解家庭成员的动态，就无法成功解决家庭中的个人问题。儿童的行为或情感问题同样也是寻求家庭治疗的常见原因。一个孩子的问题不是凭空存在的，这些问题的存在通常需要在家庭的背景下加以解决。

家庭治疗的起源可以追溯到 19 世纪英国和美国的社会工作运动。20 世纪初,随着儿童指导运动和婚姻咨询工作的出现,家庭治疗成为心理治疗的一个分支而萌发。家庭治疗需与家庭成员紧密合作,以促进变化和发展,它倾向于根据家庭成员之间的互动系统来观察变化,它强调家庭关系是心理健康的重要因素。

家庭疗法可采用认知疗法、行为疗法、人际疗法或其他类型的个体疗法中的各种技术和练习方法。像其他类型的心理治疗一样,家庭治疗所采用的技术将取决于来访者所面对的具体问题。家庭疗法的独特之处在于它的视角和分析框架不同于个体心理治疗,也不取决于参加治疗人数的多寡。具体来说,家庭治疗师是关系治疗师,尽管有些家庭治疗师,特别是那些心理动力学派、体验型家庭治疗学派的人,他们平时可能对个体更感兴趣,不太注重来访者与其他个体之间的关系问题。但是,就家庭治疗而言,不同家庭疗法流派的治疗师都有着共同的认识,即无论家庭问题的根源如何,无论来访者是否认为这是"个人"问题,在进行家庭治疗时,请家庭成员参与问题的解决通常会使来访者受益。因此,家庭治疗师既要具备能够促进整个家庭系统变化的能力、智慧和方法,也需要具有良好的人际沟通能力。如果治疗师尚未具备协调多个家庭成员互动与沟通的能力,有可能会使家庭治疗陷入对来访者的揭发与批评,把整个治疗过程搞砸。

近年来,治疗师对"家庭"的定义提出了更为广义的概念,即在家庭治疗中,"家庭"一词不一定表示血缘亲属。也就是说,"家庭"是指"在生活中起着长期支持作用的人,这些人可能并不意味着彼此有血缘关系,或者他们是同一家庭中的家庭成员"(Laney King,2017)。

在论及家庭治疗时，人们都会提及美国作家和家庭治疗师弗吉尼亚·萨提亚（Virginia Satir，1916—1988），她因家庭治疗方法和家庭重建模式的开拓性工作而闻名于世，她被广泛认为是"家庭疗法之母"。1964年，萨提亚出版了《联合家庭治疗》（Conjoint Family Therapy）一书，这是一本家庭治疗的经典著作。萨提亚在书中提到，"展现的问题"或"表面问题"本身很少是真正的问题。相反，人们如何应对这个问题才是关键。自尊心低下者容易在人际关系中遭受挫折，不过，不论外在条件如何，在这个世界上，没有人是无法改变的。她相信，人类期望着实现他想实现的事，可以朝着更积极、更有效的方向发展自己。

萨提亚最新颖的想法之一就是："家庭是一个缩影。通过知道如何治愈家庭，就能知道如何治愈世界。"

在进行家庭治疗时，由于治疗师侧重的治疗流派不同，在家庭治疗时所采用的治疗模式也有差异。比如，人本主义的治疗师，更强调"患者为中心"，调整和加强家庭本身的结构，观察、学习和增强家庭成员的自信和彼此间的关系，确保儿童和成人都获得尊重，并设置适当的界限；又比如，认知行为疗法的治疗师，在家庭治疗时会将家庭作业分配给家庭成员，通过评估、探讨与调整家庭决策的方式来改变家庭成员的沟通与互动方式；倾向于心理动力学的家庭治疗师可能会专注于分析以前发生的特定冲突情况，回顾过去的事件，发现家庭成员在事件发生期间的相互回应而导致的内心冲突，专注于潜意识的情结和家庭成员行为背后的含义，指出家庭成员可能没有注意到的互动模式。

家庭疗法可以通过各种方式从整个家庭的层面上解决问题，而

不只是在个人层面上解决改善家庭关系。在操作时,通常会关注以下几个方面:

(1) 促进家庭团聚,尤其是提高发生危机事件后家人的凝聚性,以减少因危机而造成的分裂和抱怨。

(2) 促进家庭成员间的相互信任,无论是家长或孩子,成人或儿童,唯有相互信任才能做到相互支持。

(3) 促进家庭成员间的积极沟通,以减少家庭内部的紧张和压力来源。

(4) 促进家庭成员间的相互理解,相互宽恕,以减少成员间的冲突。

(5) 促进建立健康的家庭环境,以利于家庭成员的健康生活与成长。

鉴于某些家庭问题涉及法律、社会或医学等方面的问题,因而家庭治疗师应与其他专业人士建立多模式临床合作伙伴关系。

美国明尼苏达大学家庭社会科学系教授威廉·多赫蒂博士(William J. Doherty)就家庭治疗师的资质与伦理准则提出了一系列很有价值的问题,引起了广泛的关注。如:

"您具备家庭治疗的背景和培训吗?"

"您对挽救陷入困境的婚姻和夫妻提出分手的态度是什么?"

"当一个伴侣认真考虑终止婚姻关系,而另一方想要挽救婚姻时,您的处理方式是什么?"

在儿童和青少年的家庭心理治疗中,不妨再询问一下:

"在您的工作生涯中,您聆听过多少儿童的心声?"

"在父母与子女发生冲突时,您的态度是什么?"

"在描述家庭的危机事件时,家长与孩子的陈述迥然不同,您的处理方式是什么?"

情感关注疗法

以"情感关注"为中心的疗法专注于情感和人们应对情感的方式,强调自我和过去关系的重要性。

莱斯·格林伯格(Leslie Samuel Greenberg)是加拿大心理学家,是"情感关注疗法"(Emotion-focused Therapy,EFT)的创始人和主要开发者之一。他的研究注重于移情、治疗过程、治疗联盟以及人体情绪功能等多方面的问题。

格林伯格指出,"以情感为中心的疗法旨在指导来访者感受自己的情绪",这是一种激动人心的新方法,它可以帮助来访者的"头脑和心脏"和谐地生活。

情感关注疗法的基本思想是:许多心理和身体健康问题是由不恰当应对负面情绪所导致。不恰当的情绪应对模式主要有两种情况:一是人们的情感需求没有得到满足;二是为了避免负性情感而假装一切正常。

比如,有的夫妻长期分居两地,彼此的情感需求没有得到满足,因此导致了夫妻间的矛盾与冲突。夫妻间的情感问题不仅引起他们自身的心理障碍,也会挫伤其子女的心理健康。

又比如,有的妇女不愿告知他人自己已经离婚的现实,假装夫妻关系正常。在假装的过程中内心备受煎熬,引致情绪障碍,同时也严重影响了孩子们的心理安稳。

"以人为中心"是情感关注疗法的基本原则。在治疗过程中,来

第三章 儿童和青少年心理治疗的理论流派

访者是自己生活的主导者,而不只是一名患者。在整个治疗过程中,治疗师与来访者一起分析现存问题与情绪触发之间的关系,学习不同的应对方式所产生的不同情绪反应,以改善因情绪而导致的身心障碍。

情感关注疗法的要素是积极聆听、相互作用、重塑个人经验。

积极聆听。这是"以人为中心"治疗原则的关键,治疗师在聆听中尝试与来访者建立恰当的联系,遵照同理性的原则,从来访者的角度去看待事物。

相互作用。这是"以人为中心"原则的另一重要措施,来访者与治疗师之间真正的和谐纽带是治疗成功的基本保障。

重塑个人经验。治疗师帮助来访者从不同的角度看待和理解所存在的问题,用不同的角度审视问题的不同情感反应。

在家庭治疗时也可以应用情感关注疗法,它可以帮助家庭成员之间建立更多的联系,灌输并增强家庭中的归属感。在家庭治疗过程中,治疗师帮助每个家庭成员了解自己的情绪和其他家庭成员的情绪,指导他们进行更有效的互动与沟通。

在儿童和青少年的心理治疗中,情感关注疗法得到了广泛运用,尤其是处理叛逆期青少年所面临的各种家庭矛盾、亲子冲突、行为问题、进食障碍、情绪障碍和人际障碍等问题有着良好的治疗效果。

20世纪末,积极心理学蓬勃崛起,情感关注疗法融合了积极心理学的要点。治疗师们不仅关注消极的情绪,也深入探讨积极的情绪。这种情绪的调节和转变方法使情感关注疗法如虎添翼,整个治疗过程关注于消极情绪的积极运用、积极情绪的开发和积极关系的建立三大方面。

在认知疗法占主导地位时，人们曾一度以为情感的重要性次于理性。近几十年来，在积极心理学的引导下，人们对情感的研究更为关注，情感对心理健康的重要性已上升到一个新的高度，情感关注疗法也逐渐得到拓展。

团体治疗

团体治疗（Group Therapy）是由一位或几位治疗师来主持、有多名患者参加的小组心理治疗。团体治疗利用小组活动和同伴间的互动力量来增进来访者对心理障碍的认识与理解，提高参与者的社交技能。团体治疗通常将具有相同问题的来访者组织在一起，如少女组、社交技能组、药物滥用组、焦虑抑郁组、强迫症组、父母支持组等。

团体是一种组织形式，在这特定的组织形式下，治疗师可以选用有利于该团体的任何形式的心理治疗模式，如认知行为疗法、人际关系疗法、情感关注疗法、艺术心理治疗、正念疗法，有时也可以运用心理动力团体疗法，如催眠等。

欧文·亚隆（Irvin Yalom）虽然不是第一个提出团体心理治疗的人，但他在团体治疗方面做出了巨大的贡献。

亚隆认为，在团体治疗时，小组成员之间的互动将会产生促进改变的特殊动力，从而增加治疗效果。当然，团体治疗对治疗师来讲也是一个很大的挑战，团体治疗师既要融合小组成员所持有的多种文化，还要负责培养成员间的凝聚力，促进每个成员的良好体验和行为改变。

"十一因素论"是亚隆对团体治疗的分析和总结，他的论点引起了广泛的关注，现在已经成了团体治疗的指南。"十一因素论"主要包括以下内容。

1. 增添希望

团体小组中可包括不同治疗阶段的成员,那些先前获得治疗、病情已改善且恢复良好的成员向新成员介绍自己的经验,给后来者增添希望,使其产生乐观态度。

比如,在抑郁症团体小组里,一些罹患抑郁症几十年的患者向刚被诊断抑郁症的病人介绍了自己抗病的经历、疾病的起伏以及服药的效用与副作用等。"老病人"的亲身经历给后来者增加了抗病的信心和决心,对抑郁症的改善起到了个体心理治疗时所起不到的效果。

2. 同一性

同一小组的成员有着类似的经历,可帮助小组成员认识到自己并不孤单。

比如,家长患有精神疾病的青少年团体的成员们,在小组活动中了解到生活中还有许多孩子们像他们一样经历着家长患有精神疾病的痛苦。这些青少年在一起分享着他们的痛苦,也给了同伴们大量的支持,相互学习应对压力的方法。

3. 分享信息

小组成员分享信息,能增强人们对特定心理状况的了解。

比如,在强迫症团体小组里,虽然每个成员的强迫思维或强迫行为的表现形式不同,但他们所承受的痛苦是相似的。进行团体活动时,教育、分享、学习和体验的过程有效地帮助了来访者思维和行为的改变。

4. 利他助人

小组成员利用自己的长项去帮助其他小组成员,以提高自尊和自信。

比如,经常被批评、处罚、责骂的多动症患者,在团体活动时,分别让他们承担一些自己力所能及的帮助他人的责任,他们往往倍感兴奋,认识到自己并非一无是处。在帮助他人的过程中,来访者们自信倍增,行为也明显改善。

5. 矫正与学习

团体治疗小组就像一个大家庭,每个成员可以分享自己的童年经历,以及它对自己情绪和行为的影响。成员们互相学习,互相支持,减少了平时的无助感。

比如,抵制暴力行为团体里的一些成员在小组活动时谈及自己小时候经受暴力虐待的创伤经历,由于缺乏正确的引导,自己的暴力行为也导致了他人的创伤。成员间倾心畅谈,既达到了情绪宣泄的作用,也促使每个成员学习应付压力和管理怒气的技巧,不能再做出伤害他人的行为。

6. 学习社交技巧

团体活动是小组成员实践自己所学到的新行为的最好的场所和机会,因为在这个团体里是安全的、支持性的,允许成员们自由实践而不必害怕失败。

比如,良好的沟通技巧是许多成员所缺乏的。在团体活动中,成员们可以一边学习沟通技巧,一边实践,如有问题,治疗师会当场协助解决,因而学习效果非常好。

7. 模仿行为

小组成员良好行为的确立不仅通过观察、模仿治疗师的所作所为而形成,常常会学习和模仿其他成员的行为举止。所以,团体治疗师需要注意自己的一举一动,耐心地对待不遵守指令的成员,以扬长避短、积极鼓励的方法帮助小组成员。每个小组成员们的行为改善都会成为其他成员的榜样。

8. 人际学习

通过与小组成员和治疗师的相互沟通和信息反馈,来访者能更深入地理解自己。一些焦虑、内向、自信不足的小组成员,在绘画、手工和艺术创作等小组活动中经常得到治疗师和同伴们的积极反馈,他们自信大增,焦虑明显减轻。

9. 团体凝聚力

由于团体成员们有着相同的目标,所以成员们很容易团结起来,认同自己是被团体所接纳的一员。团队的凝聚力会促使成员更具接受感、归属感、价值感和安全感。

一些曾经遭受过欺凌的女孩子在团体中受到热情的欢迎与接纳,先加入团体的情绪恢复良好的女孩会积极帮助新加入团体的女孩。该团体犹如一个大家庭,大家一起玩乐,一起学习应对欺凌的方法。

10. 情绪宣泄

由治疗师所主持的团体小组的情绪宣泄活动是一项具有很大心理能量的活动。

小组成员可以在团体活动时倾诉自己的痛苦、内疚和压力等,通过向小组成员公开自己的感受来释放压抑的情绪,促进康复。

11. 存在因素

团体治疗除了提供支持与指导外,还帮助来访者意识到生活将继续,痛苦、死亡、悲伤、遗憾,以及喜悦、快乐、兴奋等都不可避免地插入人们的生活。每个成员将对自己的生活、选择和行动负责(Kendra Cherry,2019)。

团体治疗有多种类型,有的团体是教育性的,侧重于学习,较少谈论个别问题,而另一些团体治疗则积极鼓励成员讨论自己的困惑、情绪和存在的问题,彼此分享自己的经历和感受,相互鼓励和支持。治疗师在团体治疗过程中,提供积极有效的反馈,使成员们体会到有问题的并不只有他一个人,并通过与同伴们的沟通,增强自信,心理问题得以缓解。在团体治疗中,小组内所有个人信息和分享的内容都是机密的。

在一般情况下,团体治疗的小组成员人数为6~20人,每周一次或两次,每次1~2小时,整个疗程为8~12周。根据团体治疗的主题和内容不同,参加的人数、时间和频率将视实际情况而定。

亲子互动疗法

亲子互动疗法(Parent Child Interaction Therapy,PCIT)是美国希拉·艾伯格(Sheila Eyberg)博士于1988年开发的一项干预措施,是一种以家庭为中心的治疗方法,用于治疗2至7岁具有行为问题的儿童,侧重增加儿童的社交技巧和合作能力,改善亲子关系和改变亲子互动模式。

所谓亲子关系,实为照料者与其子女之间的独特而持久的纽带。这些照料者可以是亲生父母,也可以是养父母或其他监护人。无论哪种类型的父母,他们的一举一动都可能对孩子的行为产生重大影响,尤其在学龄前期。在这个关键时期,孩子们对父母的反应非常敏感,相比之下,对老师或同伴等其他人的反应则少一些。因此,艾伯格博士强调,"重构父母与子女的关系,为儿童提供安全的依恋"是至关重要的。与父母互动时,孩子将学习社交技能,比如,如何与别人分享,如何合作,如何尊重他人等。此外,幼儿还可学习言语和非言语的交流技能,发展各种躯体运动的能力。

有学者认为,儿童的行为问题大多数是因父母与儿童之间无意间形成的关系障碍而产生。比如,强制性的父母在与孩子互动时,家长的强制性育儿模式有可能导致儿童的攻击性行为,或出现恐惧焦虑的情绪问题。孩子们的消极反应通常会加剧家长的强制性育儿方式,于是不良的负性循环周而复始,导致亲子关系恶化,儿童的行为问题加剧。

亲子互动疗法希望通过一整套亲子互动培训课程来协助父母学习养育孩子的技巧,父母通过与孩子的自由活动和一起游戏来帮助孩子发展自主性和独立性。

在亲子互动疗法中,艾伯格提出了四种治疗方案,具体如下。

1. 树立"不要做的规则"和"要做的规则"

家长通过学习与练习"不要做的规则"和"要做的规则"帮助孩子发展自主意识与独立性。

"不要做的规则"与"要做的规则"相辅相成。比如,不要主导孩子的游戏,要做的是让孩子自由做游戏,自行决定如何玩,增强孩子对独立活动的关注。又如,不要以批评指责的方式来帮助孩子纠错。尽管有的批评很轻微,但也有家长会表现出攻击性言论与行为。一般而言,过多过严的批评会破坏孩子的自尊心,破坏亲子关系。批评也可能令孩子沮丧或激怒,并可能导致反击行为。家长要做的是积极鼓励,帮孩子了解哪些行为是好的,哪些言行是不对的,及时强化孩子们的优良行为,以良好行为的巩固与增多来削弱和减少不良行为。

"不要做的规则"和"要做的规则"应根据每个家庭、每个孩子的特殊情况来制定短期目标,因为孩子处于成长发育期,身心天天在变化。根据孩子的发展变化,治疗计划也应该随之更新。

2. 模仿

艾伯格建议父母要"与孩子坐在一起做同样的事情"。在游戏时,孩子会模仿家长的行为,如保持注意力集中,不怕挫折等。通过亲子游戏,孩子还可以学习与其他小朋友合作玩游戏的技能。

3. 积极聆听和反馈

鼓励父母在游戏中积极聆听和反馈孩子的话语。孩子们在游戏时通常会不停地描述对游戏的认知,比如,女孩玩娃娃时会说:"小娃娃肚子饿了,要吃奶了,再给他吃点苹果汁。"父母可以反馈孩子的话:"小娃娃肚子饿了,要吃奶了,再给他喝点苹果汁!"这些反馈言语表明,孩子在主导游戏,父母理解并接受了孩子所说的话,与此同时,家长也纠正了孩子语言的不当之处。有时孩子会不同意父母的理解和表达,他们会与家长辩论,家长要给孩子们提出异议的机会。

4. 及时的、客观的鼓励与表扬

所谓及时是指发现孩子表现好时,要在事件发生的当时当刻给予表扬,让孩子留下深刻印象。如果事情过了很久家长才提出几天几周前发生了什么,孩子会记忆不清或混淆情境。比如,游戏完后孩子主动把玩具收拾好,家长应该即刻表扬他们做得好,能够把玩具放得整整齐齐。假如家长当时忘了表扬鼓励,过了一周后才对孩子说:"那天去了某某朋友家,你做得很好,帮忙收拾玩具了。"孩子可能会问:"是哪个朋友家?"那时刻孩子关注的已经不是自己整理玩具的优点,而是其他问题了。

客观表扬是指夸奖孩子言行的一个事实,而不是简单地说一个抽象的概念。比如,家长常夸孩子"能干""聪明""懂事",这些都是抽象描述,孩子一般不容易重复做出能体现这类抽象词汇的行为,也就是说,孩子们并不能确定什么是"聪明""懂事"的行为。假如家长说:"孩子,你玩完游戏后会把玩具分类放进不同的盒子,乐高放一个盒子,玩具娃娃放另一个盒子,收拾得整整齐齐,太能干了!"这类将抽象词汇"能干"客观化的表扬方式能够促使儿童保持把玩具收拾整齐的良好行为。

亲子互动疗法源于多种心理治疗理论,采用多种治疗方法,如社会认知理论、来访者中心理论、依恋理论等。有的治疗师会依据认知行为疗法的原理给家长制定一些"家庭作业",除了在治疗室里进行亲子活动外,还希望家长回家后也要练习所学到的亲子互动方法;持有"正念疗法"的治疗师,通常会指导家长做些正念练习,调整家长的烦躁不安之心,保持健康的情绪状态来养育孩子。

第四章

儿童和青少年联动性心理治疗模式

说起心理治疗，人们往往会联想起这样的场景：在一个光线暗淡、独立幽静的诊疗室里，病人躺在舒适的沙发上倾诉着他的心理困惑。在沙发的一侧有个椅子，椅子上坐着年长的心理医生，他专注聆听。他时而做些笔记，时而站起在室内来回踱步，分析病人的性幻想或童年创伤经历。

这种经典的谈话治疗已经持续了上百年，现在是革新的时候了。那种拘泥于单一的、传统的心理治疗方式已被新的综合治疗模式所兼并。

儿童的心理治疗方式灵活多样，儿童的心理特征有别于成年人，儿童心理治疗模式也与呆板的成人谈话模式迥然不同。它们是生气勃勃的、形式多样的、相互联动的综合性心理治疗模式。

联动性心理治疗模式的形成

儿童天性活泼好动，其认知、思维和行动都处在发展阶段，他们不可能像成人一般静坐听候指教。儿童的语言是游戏，是艺术，儿童的词汇是玩具，是彩笔。对儿童的认知、情感和行为的矫治，应采用儿童们喜闻乐见的形式。图4-1～图4-3所示为常见的儿童心理治疗室。

儿童和青少年的心理健康不只是儿童和青少年个人的事情，它关系到与之相关的家庭、学校和社会环境的方方面面。

图4-1 儿童心理治疗室

图4-2 儿童心理治疗室

图4-3 儿童心理治疗室

在胎儿发育阶段，父母的身心健康对孩子的发育具有重大影响。母亲怀孕后心情愉悦，身体健康，重视胎教和产检，常能孕育出健康的孩子。反之，酗酒、吸毒成瘾的父母，他们的胎儿脑功能容易受损，尤其是妇女在怀孕期间情绪不良，大量服药或酗酒，那么生出的婴儿很有可能畸形或患有心理障碍。比如,胎儿酒精综合征(Fetal alcohol syndrome,FAS),就是因为孕妇在妊娠期间酗酒导致胎儿发育受损,造成孩子永久性的脑功能损伤,出现脑部结构、体质、心智和行为等多方面的问题。

儿童和青少年能否健康成长,家庭起着至关重要的作用。幸福和谐的家庭能促进孩子们的身心健康;而不良的家庭氛围、家庭冲突、家庭暴力等负面因素会引起孩子焦虑、抑郁、遗尿、心理创伤和心理障碍。

从另一角度来看,儿童和青少年心理状况的改善,不只是他们个人成长的里程碑,也是家庭幸福和谐的重要因素。曾有家长哭诉道:自己孩子患有严重心理障碍,搅得整个家庭不得安宁。她感到自己犹如被判了无期徒刑,一辈子都受到孩子心理疾病的折磨。一些患有反社会性人格和严重强迫症的青少年,拒绝心理治疗,也不上学,家长们痛苦不堪,甚至有家长产生了与孩子同归于尽的想法。相反,一些早期就发现了心理问题的儿童,由于家长发现得早,积极关注,因而获得早期治疗,孩子的心理症状明显改善,得以健康成长。

学校是家庭之外对儿童和青少年心理状态影响最大的地方,因为他们在学校停留的时间仅次于在家的时间,何况在家里的时间还包括了睡眠时间。所以说,儿童和青少年的主要活动场所是学校。学生的学业、在校表现和人际关系既呈现了他们的身心状况,也反映了学校对学生身心状况的影响。学校是学生们学习成长的地方,同时也是他们最容易受到伤害的场所。

社会环境是影响儿童和青少年心理健康的又一重要因素。青少年之间、朋辈之间的影响通常超过了老师和家长对他们的教导。俗

第四章　儿童和青少年联动性心理治疗模式

话说,"近朱者赤,近墨者黑",这不是没有道理的。儿童和青少年与优秀的同伴们在一起,既有竞争,也有互助,良好的环境能促进孩子们的身心发展。反之,社会上的不良分子也常利用青少年社会经验匮乏和社会归属感的需求,拉帮结派,聚集闹事,在群体活动中出现欺凌和暴力等反社会性行为。

因此,儿童和青少年的有效心理治疗不可能只是治疗师和来访者一对一的谈话疗法,它需要个人、家庭、学校和社区联合起来,相互沟通,相互协助,共同努力,方能真正有效地解决儿童和青少年的心理障碍。正是在这样的社会背景下,儿童和青少年联动性心理治疗模式应运而生,迅速发展,效果良好。

2019年12月,中国国家卫生健康委等12部门印发《健康中国行动——儿童青少年心理健康行动方案(2019—2022年)》,提出了"联动的心理健康服务模式"。该行动方案强调,"要基本建成有利于儿童青少年心理健康的社会环境,形成学校、社区、家庭、媒体、医疗卫生机构等联动的心理健康服务模式,落实儿童青少年心理行为问题和精神障碍的预防干预措施,加强重点人群心理疏导,为增进儿童青少年健康福祉、共建共享健康中国奠定重要基础。"(国卫疾控发〔2019〕63号)

标准型与强化型的联动性心理治疗模式

儿童和青少年心理问题的严重程度存在着差异,因此,儿童和青少年联动性心理治疗模式分为标准型和强化型两种模式。

标准型模式是指在对儿童和青少年进行个人心理治疗的同时,

积极开展家庭治疗,并与学校紧密配合进行学生的心理健康教育。治疗师、家长与学校协助是儿童和青少年心理治疗不可忽视的重要环节,四方共同努力才能有效地帮助学生解决心理问题,促进身心健康。标准型模式通常适用于一般的学业、情绪、行为、人际关系和亲子冲突等问题。

强化型模式是在个人、家庭和学校的标准型模式的基础上形成更为广泛的协作,即在为儿童和青少年提供心理服务的同时,家庭、学校、社区、医疗卫生单位、社会工作者、青少年司法机构和媒体工作者等机构共同联合起来,形成多元的联动性心理健康服务模式,落实儿童和青少年心理行为问题和精神障碍的预防和干预,建成有利于儿童和青少年心理健康的社会环境,增进儿童和青少年的健康福祉。

无论是标准型或强化型的联动性心理治疗模式,均以心理治疗师为主导,以儿童和青少年为治疗对象。儿童和青少年联动性心理治疗模式的理念就是:今日儿童的健康,是明日社会栋梁的保障;今日的付出,是日后家庭和社会负担减少的基础。

儿童和青少年的个人心理治疗

儿童和青少年心理治疗的原则和成人的心理治疗一样,关注治疗对象、建立良好的治疗关系和采用有效的治疗方法,那就成功在望。

治疗对象

儿童和青少年联动性心理治疗的核心对象是儿童和青少年,尽管家长、学校和社会有关人员积极参与了治疗工作,但是治疗的目的始终是改善儿童和青少年的心理健康状况。

第四章 儿童和青少年联动性心理治疗模式

无论心理治疗师依据何种心理治疗的理论流派，采用何种治疗手段和方法，聆听儿童和青少年的心声，客观察看和测量他们的思维、情感和行为，获取第一手关于来访者的资料始终是心理治疗的关键。

很多儿童和青少年没有意愿或拒绝参与心理治疗，既有可能是他们否认自己有任何心理问题，也有可能是他们的反叛心理作祟而不愿意顺从家长或其他权威人士的指令去见治疗师。有时，儿童和青少年在家长、老师或其他有关人员的迫使下，踏进了心理治疗室，他们坐在那里，仍是一副心不在焉的样子。他们不愿意配合，不想沟通，更不会敞开心扉。

但是，如果治疗师能理解儿童和青少年的心理状态，且具有良好的沟通技巧，大多数孩子们还是愿意与治疗师沟通的，他们也能积极参与心理治疗，毕竟他们也有许多烦恼和困惑，非常需要有人能理解自己，能帮助自己解决问题。

有治疗师认为，儿童和青少年不愿参与心理治疗也没有问题，只要对家长进行积极而深入的心理辅导，孩子的心理状况同样能够获得改善。此话不假，家长对儿童和青少年的心理健康有着重大的影响，这正是推广联动性心理治疗模式的重要因素之一。那些因亲子沟通不良，家长教育不当的案例，倘若家长能积极投入心理咨询或辅导，接受亲子教育的培训，那么，不仅仅是孩子的心理问题确实能获得改善，家长自己也会获益不浅。

然而，对于患有较为严重心理障碍和精神疾病的儿童与青少年，只对家长进行心理辅导是不够的。由于家长与孩子周围的一些成人通常并不具备心理卫生和精神疾病的知识，很有可能会延误对病患者的早期诊断和治疗，以致孩子们的疾病恶化到伤害自己或他人的境地。家长们有时也会误读孩子的情感表现,当亲子沟通不良时,尤其当孩子们成长为十几岁的青少年时,家长仍旧认为自己孩子还小,不可能有爱恋及其他的复杂情感,无法理解孩子内心的困惑。一些青少年因承受不了家长的固执与偏见,有的离家出走,有的自残自杀。

在临床实践中,有些家长向治疗师陈述自己子女的心理状况时,无论认知思维或情感行为,条条都与心理诊断标准相符合,家长也深信自己的孩子患有某种心理障碍。但是,当心理学家或治疗师直接与该儿童或青少年面谈时却发现,这孩子的实际情况与他父母的描述截然不同。另一情况是,青少年自我报告显示他已经出现某些心理问题,心理卫生专业人员也认为这位来访者患有心理疾患,但家长却坚决不认可,固执地否认自己的孩子患有心理障碍。总而言之,只有对儿童和青少年心理状况进行直接的、客观的评估和诊断,才能确定该来访者是否患有心理障碍,任何第三方的陈述都只能作为参考资料。

治疗关系

心理学家卡尔·罗杰斯的"来访者中心理论"不仅适用于成人,同样也是儿童和青少年心理治疗成功与否的关键因素。没有良好的医患关系,就没有治疗的成功。

与儿童和青少年沟通,单纯的言语性谈话并非良策,儿童和青少年具有他们那个年龄阶段的心理特征,也有个人的喜好偏爱。除了谈话性治疗外,艺术、游戏、体育活动和多媒体等多种生动活泼的治疗手段在儿童和青少年的心理治疗中起着举足轻重的作用。每当治疗师与来访者一起进行他们所喜欢的活动,在玩乐之中,治疗师就能

第四章　儿童和青少年联动性心理治疗模式

与儿童和青少年建立起良好的治疗关系，能亲自观察和了解来访者的认知、情感和行为方面的优势特长与缺陷障碍，作出客观的评估和诊断，随之而设立的治疗目标和计划不仅合情合理，而且还切实可行。准确的诊断、明智的治疗计划和高明的治疗技巧是良好治疗效果的基本保证。

与成年人的心理治疗不同，与儿童和青少年之间的医患关系不只是治疗师与来访者两个人之间的关系，通常还涉及家长和治疗师之间的相互协作。家长是孩子的监护人，家长希望自己能知晓有关自己孩子的各种情况。如果某个未成年的来访者与自己的监护人存在着巨大的隔阂、成见或冲突，那么，治疗师、来访者和他们的家长之间的三角关系就变得复杂起来，良好医患关系的建立与维系就难上加难。比如，治疗师与家长的关系融洽，那么处于反叛阶段的孩子会误解为治疗师将站在家长的角度来约束自己，戒心与反感油然而生；如果治疗师与青少年来访者沟通顺畅，关系良好，那么，长期无法与自己孩子沟通的父母会觉得自己被排除在外，丧失了自己对孩子的监控权，也会影响家长与治疗师之间的合作关系。治疗师与来访者和家长都建立良好医患关系有两个要点：一是明确治疗的当事人是儿童或青少年，他们始终是治疗的中心对象；二是在治疗过程中必须遵循法律法规和伦理道德，理清亲子冲突是否涉及虐待儿童。一旦治疗师与来访者和来访者的监护人都建立了良好的医患关系，心理治疗的效果将会事半功倍。

治疗方法

在儿童和青少年的心理治疗过程中，传统的谈话疗法几乎不适用于儿童心理治疗。儿童的个人心理治疗可以采用游戏疗法、艺术治疗、情绪表达疗法以及多媒体疗法等,因为儿童正处于认知发展期,他们还不能恰当地运用言语来表达他们内心的困惑,同样,他们也难以通过言语来理解心理的内涵。

游戏疗法、艺术治疗和多媒体等疗法同样适用于青少年和家长,只是具体操作时需根据年龄差异而采用不同的内容与形式。

谈话疗法在青少年的心理治疗中仍占较大的比例。与成年人的谈话疗法不同,青少年的心理治疗必须运用他们所能理解的语言和词汇。深奥的心理学理论、学术性的精神病学概念和名称,以及心理治疗的术语和原理会使青少年困惑不解,造成治疗师和来访者之间的隔阂。

比如,治疗师与家长谈论抑郁症时,提及抑郁症的发病原理,表明抑郁症与大脑内化学物质的异常有关,也有可能与神经元的生长、突触连接以及神经回路功能状态相关。家长们听后常感到释然,认识到抑郁症的发生不是人们胡思乱想折腾出来的。然而,大多数儿童和少年们听后则是一头雾水,什么递质、突触的,不知道,听不懂。部分儿童和少年不仅因为听不懂复杂的词汇而感到厌烦,还会认为治疗师在考验他们,瞧不起他们,使他们的自尊心受损。

对青少年使用谈话疗法时,谈话的内容和形式必须切合青少年的特点,这对心理治疗师来讲是一个很大的挑战。尽管成年人都经历过青少年的成长历程,治疗师们也常信誓旦旦地说:"我们也曾年轻过!"言下之意是自己当然知道青少年的情况。但是,时代快速变迁,青少年们的兴趣爱好和当下流行的时尚潮流也是日新月异。治疗师可以有自己的理念和价值观,但也要了解青少年们想法和观念,他们需要被尊重。

第四章 儿童和青少年联动性心理治疗模式

比如,曾有治疗师坦诚地对来访者说:"现在的年轻人牛仔裤破了也不补补,腿上的肉都露出来,太不雅观,没有教养。"事后来访者抱怨道,治疗师可以不喜欢有破洞的牛仔裤,个人爱好不同没有关系,但是她无法接受"不雅观、没教养"的贬义评论,医患关系一下子就被撕裂了。

儿童和青少年需要被理解,需要被激励。踏入心理治疗室的儿童和青少年有着各种各样的认知、情感或行为问题,他们在生活中受到太多的负面关注,这个不对,那也不好,不可以这样,不允许那样,批评与指责,错与罚一直紧箍着他们。家长会当着孩子的面,向治疗师谈论孩子的心理问题,言谈中掺杂着抱怨和指责。这样的情景常令孩子们难堪不悦,自尊受损,甚至火冒三丈。所以,在儿童和青少年的心理治疗过程中,治疗师应该避免当着孩子的面与家长谈论孩子们的心理障碍和不当的行为表现。

常言道,表扬要及时,而批评要舌头转三圈后才能说。这话的意思是,发现孩子们做了好事,应该马上表扬,真诚地鼓励孩子们所表现出来的良好行为。夸奖儿童和青少年的一个重要的原则是凭事实讲话,不能只采用抽象的词汇。如果家长经常说什么"真聪明""太懂事""真听话"等言语而没有事实佐证,不仅不能取悦孩子,还会引起孩子厌烦。有效的表扬应在孩子们做了好事后,立刻把孩子们具体的良好行为表述出来,有根有据,令人孩子们心情愉悦,容易记住自己的优点,促进良好行为的发展与巩固。这样一来,孩子们就会理解自己哪些行为是好的,今后更可能多次重复这些良好行为。良好行为多了,不良行为也就随之减少。

如果发现孩子做了错事,可以当场温和阻止,但不要即刻责备。

因为舌头若不"转三圈",脱口而出的言语带着过多的焦躁情绪,有可能操之过急,损害与孩子们的关系。孩子们需要人们的正面关注,需要表扬和激励,尤其是那些生活中缺少表扬的"问题孩子"。

比如,几个孩子在家里玩耍时不小心把家长的茶杯打碎了。茶杯的破裂声引起家长的注意,于是,家长"舌头还没有转三圈"就大声嚷道:"叫你们小心,你们不听!一天到晚闯祸,还不滚到一边去!"

其实,杯子已经碎了,家长的责骂解决不了问题,只有让孩子感到恐惧害怕。

批评不要太急,可以晚一步。打碎杯子后,家长马上告诉孩子们要小心,不要被玻璃扎了手。孩子拿出簸箕扫帚,小心地清扫撒了一地的碎玻璃。家长走过来后,温和地对孩子说:"你真懂事,能小心收拾碎玻璃,没有莽莽撞撞地又把手划破了。像个大孩子了,会自己拿扫帚簸箕过来。不错,这么处理很好!"

当家长在现实场景中有理有据地夸奖孩子,孩子自然会把家长的认可记在心里,知道自己是大孩子,懂事了,他今后犯的错就会减少。

扬长避短,始终是教育儿童和青少年的基本原则。

个人和家庭的联动性心理治疗

家庭是影响儿童和青少年心理状况的最重要因素。儿童和青少年是未成年人,他们需要被监护、被抚育,家庭是孩子们的主要生活之地。家长是儿童和青少年们学习模仿的榜样,心理健康的父母能给整个家庭带来阳光、快乐、幽默和努力向上的感觉。倘若家长易怒,遇到不称心的事就大发脾气,摔东西,骂人,甚至动手打人,孩子

第四章 儿童和青少年联动性心理治疗模式

目睹了家长的不良行为,很有可能会感到恐惧、害怕、焦虑或抑郁。有些孩子也会习得家长的情绪反应模式,遇到挫折,会像家长那样摔东西、骂人、打人。

如果一个孩子发生心理问题,无论是先天的心理发育迟滞、发育障碍,还是后天的行为不良,都需要家长的配合与协助,共同帮助孩子成长。一般来讲,一个焦虑不安的孩子一周只见治疗师一小时,他学习了一些应对焦虑的方法,能理解现实生活中的焦虑刺激,试着采用降低焦虑反应的放松技巧。如果家长也能学习这些方法来帮助孩子克服焦虑,那么这孩子就能获得除了治疗诊所里一小时治疗之外的更多的强化性辅导,孩子们的焦虑状况就会明显减轻。相反,如果家庭中的其他成员同样具有焦虑情绪,一点小事就十分紧张,惊叫、食不香、睡不稳,这种紧张氛围对具有焦虑障碍的孩子来讲都是不良刺激,一周一小时的心理治疗效用很容易被家庭生活中持续存在的不良刺激所稀释甚至被冲垮。

在日常生活中,经常会遇到多子女家庭里的某个孩子抱怨家长的不公平。不公平的心理感受会引起孩子程度不同的不悦、焦虑、抑郁或愤怒。青少年的反应可能更为强烈,反叛,迁怒于更为弱小的弟妹,甚至离家出走。家长们常常诉苦道,孩子们都是自己的亲骨肉,不会歧视哪个孩子,只是孩子年龄不同,行为表现不一,因而处理方法也会不同。不过,孩子看问题的角度与父母不同,心理反应也不一样。由不公平感而引致的心理问题更需要家长的合作,共同参与孩子的心理治疗,学习以同理心的方式,站在孩子的立场上来思考问题所在,以恰当的沟通方式来对待不同的孩子。

又如,行为治疗师会对自闭症儿童进行训练,教孩子们如何说话,如何在说话时要与对方保持眼睛对视等。这些日常行为的培养,需要家庭成员的共同协作才能巩固发展。

那些在家里受到虐待的孩子,首先要消除虐待因素,仅仅依赖心理治疗是不够的。家长们要学习如何应对孩子们的不良行为,要控制自己的怒气爆发,要学习与孩子的沟通技巧和问题解决的方法。如果家长自身患有心理疾患,那么,这些家长也要寻求心理或精神科的治疗。倘若儿童在家里受到严重的疏忽和虐待,这些孩子就有必要离开受虐家庭。孩子移居到新的寄养家庭后,他们仍然需要持续的心理治疗,消除对新环境的恐惧与焦虑,学习如何适应新的家庭环境。安抚与治疗孩子的创伤心理也是一项重要的任务。

个人和家庭的联动心理治疗流程分为"四步曲":第一,信息获取;第二,儿童和青少年治疗;第三,家庭成员心理辅导;第四,个人和家庭的联动治疗。第二、第三步可以根据具体情境同时开展,也可以先后转换。第四步的个人和家庭联动治疗通常在掌握了充分信息后才开展。

家庭联动性心理治疗的首要工作是获取信息,在治疗开展之前,向儿童和青少年、家长以及相关的家庭成员了解该来访者的各种信息,以利于心理治疗的实施。

儿童和青少年是治疗的对象,获取信息和签署了心理治疗的协议书后,就可以进行儿童和青少年的个人治疗。有些儿童和青少年不愿意参与治疗,对家长、学校老师、家庭医生或社工的安排表示不满,拒绝到访。在这种情况下,可先对家长进行心理辅导,待家长的管教方式、与子女的沟通改变以及亲子关系改善后,儿童和青少年才会有意愿参与心理治疗。

第四章 儿童和青少年联动性心理治疗模式

第四步的个人和家庭联动心理治疗必须慎重,只有在儿童和青少年、家长或其他家庭主要成员的情绪表达、行为方式和沟通技巧有了明显改善,才能将整个家庭聚在一起进行情绪分享、家庭辅导和家庭目标设定等。如果治疗师尚未确定家庭成员的个人特征、情绪状况、心理健康水平以及彼此间的矛盾与隔阂等,贸然将全家人汇聚在一起,很有可能引起家庭成员对来访者的投诉与攻击,使家庭争执和心理冲突增加。儿童和青少年的联动性家庭心理治疗对治疗师的治疗技能是一场严峻的考验。

由此可见,孩子的问题并非只是孩子个人的问题,家庭因素不可忽视。儿童和青少年的心理治疗也不只是对儿童和青少年的个人心理治疗,家庭心理治疗同样重要。

不打无准备之仗,也不做无准备的个人和家庭的联动治疗。儿童和青少年的个人与家庭联动治疗的每一环节都会影响治疗的成败。事前做充分准备,家庭会谈时集中主题,抓住主要矛盾,积极聆听各方的意见,每次达成一两个有效协议和行动方案都是成功的表征。

邀请家庭成员来参加孩子的家庭辅导活动不是一件容易的事情,在举行家庭会谈前,治疗师需要对每场辅导的流程做出计划,每次讨论的主题应该具体明确,内容不能太多。比如,在谈论家庭成员们对情绪表达和怒气控制时,尽量围绕着这个主题,一旦偏离主题,治疗师要及时引回正题。

家庭性联动治疗的原则是妥善准备、灵活实施和积极反馈。它不仅能改善儿童和青少年的心理健康,也能促进整个家庭的和谐与幸福。

个人与学校的联动性心理治疗

常有家长对治疗师说：请不要把我孩子的问题告诉学校，否则老师会对我家孩子另眼相看，影响孩子的前途。

其实，儿童和青少年的大量时间是在学校里度过的，老师对他们的喜怒哀乐基本上都能知晓，尤其是当学生心理有问题时，他们的学业、与同学的人际关系、个人的情感反应和行为举止都会发生变化。临床实践显示，学校老师对学生心理状况的了解通常比家长更清楚。

当然，也有可能在某种情境下，学生及其家庭的一些私密状况学校老师并不了解，家长担心家庭隐私的泄密，所以不愿意与校方沟通。但是，学生因家庭问题而引起的情绪反应，老师还是能够察觉的。

尊重学生个人或家庭的隐私，是儿童和青少年与学校联动心理治疗的伦理准则，所有参与儿童和青少年心理治疗的老师、辅导员、校长、学校卫生室护士、行政管理人员或任何相关人士，都须签署保密协议书，明确保密的内容和保密的局限性，承担保密原则的伦理和法律责任。

学校联动工作是儿童和青少年心理治疗的巨大支持系统，是坚实的后盾。比如，一些具有发展性心理障碍的学生，经过心理教育评估后，学校可以对符合特殊教育的学生提供特殊的学业指导，为他们安排特殊课程，着重学习人生必需的独立生活的知识与技能；另有一些学生可能患有学习障碍或者其他心理疾患，经过心理评估后，根据学生的具体情况，校方将安排辅导教师每天几小时或每周几小时的个别或集体学习辅导。

有的学生患有躯体运动不协调和学习障碍等问题,治疗师会与校方商量,对该学生的作业和考试形式作出适当调整,比如允许他们运用计算机作业来替代纸笔式作业和考试,或者延长考试时间。

有的学生不幸遭受了重大的心理创伤,思维、情感和行为都出现异常。老师会与家长和治疗师一起帮助该学生跨越心理创伤,走出悲伤的泥潭。比如,老师会在短期内减免这类学生的回家作业,免除部分考试;安排时间让学生去心理诊所参与心理治疗;为学生组织一些课外活动,增加他们的兴趣和自信。曾有一位小学生目睹了在同一学校学习的妹妹的意外死亡,整个家庭陷于天昏地暗的悲伤,丧失了正常的生活。学校组织了同学互助小组,陪伴着他一起上学和回家,课间一起外出走走,老师和同学还轮流陪他一起吃午饭。校方组织了一个隆重的纪念活动,让他在校园里栽下一棵小树,让同学们一起来悼念他的妹妹。来访者在学校里获得的一些心理支持往往无法从治疗师或家长那里得到。

有位中学生的父亲自杀身亡。这位学生本人和家长都不希望把家里的事情闹得沸沸扬扬,他们不希望校方知道这件事。但是,因为办理丧事等事宜,这位学生好几天都无法上学。家长认为编个谎言请个假就可以了。然而,一个谎言需要更多的谎言来掩盖,已经经受了巨大压力的学生难以应对自编谎言和圆场,心理压力剧增令他几近崩溃。实际上,校方和老师都经过保密原则和尊重隐私的培训,如有必要,可以请校方再次强调尊重该学生的家庭隐私。父亲的意外死亡对这位学生的打击并非短时间内就会消除,他需要学校提供心理援助和具体问题的解决,比如请假、换课、补课、补作业和补考等,学校也可以安排他参加一些适当的课外活动,缓解他的情绪压力。

在一些心理疾病的诊断方面，学校老师的意见起着举足轻重的作用，比如，注意缺陷/多动障碍的症状通常在课堂里表现得更为突出，学习障碍也是在学习环境下更容易显露各种问题。老师经常与学生接触，他们能较早发现学生的情绪变化，觉察到学生的抑郁或焦虑等情绪问题。

有些儿童和青少年因为父母工作忙或其他原因，无法送孩子们到心理治疗中心参与心理治疗。在这种情况下，个体与学校的联动心理治疗为学生提供了另一种机会，那就是治疗师去学校为有需要的学生提供心理服务，学校将安排适当的场所进行个体心理治疗。

个人与医疗机构的联动性心理治疗

个人与医疗机构的联动性心理治疗，通常在儿童和青少年的心理障碍比较严重时才启动。患有严重心理障碍或精神疾病的儿童和青少年通常需要用药物控制紊乱的思维、情感和行为，为心理治疗的实施创造条件。心理治疗和药物治疗相结合，可以帮助患者进一步了解服用药物的必要性和药物对他的躯体作用，同时也需了解药物的副作用和应对方法。在治疗严重心理障碍和精神疾患时，药物和心理治疗两者缺一不可。

现代科学表明，一些心理障碍和精神疾病是因为脑内化学物质不平衡和脑功能的不协调所致，因而药物能改善疾病的症状。常见的抗抑郁药、抗焦虑药、抗精神疾病药对疾病的治疗效用是有目共睹的。在对患有严重心理障碍或精神疾病的儿童和青少年进行心理治疗时，治疗师与精神科医生的密切配合则不可缺失。

第四章 儿童和青少年联动性心理治疗模式

在心理治疗的临床实践中,因治疗师忽视了对严重心理障碍患者的及时转介,没能提供适当的药物或其他医学治疗措施而出现患者自杀自残的案例并非罕见。曾有治疗师因缺乏对严重抑郁症的认识,自以为凭自己高超的心理治疗技能可以治疗各种心理问题,没有及时采取医学救助,在他结束面谈后几分钟,那位严重抑郁的大学生就跳楼自杀。也有心理治疗师对精神症状认识不足,没有及时将患有精神分裂的青年转介给精神科医生,结果该青年在严重幻觉的驱使下发生自残和伤人行为。更多的情境是治疗师已经充分认知到来访者需要精神科医生的治疗和药物的运用,治疗师也明确告诉儿童和青少年的家长马上去寻求精神科医生的帮助。但是,可能由于家长对精神疾病的偏见和认识的偏差,没有去看精神科医生;也有可能是难以及时找到合适的儿童和青少年的精神科医生而贻误疾病的治疗,因而出现疾病的恶化或失控。

无论是因为治疗师对严重心理障碍的认识不足,或是与精神医生沟通和转介的困难,还是因为家长的偏见与不配合,都会妨碍心理障碍的有效治疗。儿童和青少年的心理治疗与医疗机构的联动性是儿童和青少年心理治疗成功的关键因素,因为有了精神科医生的联动和协助,可避免因治疗师经验不足而引起的误判和治疗失误,减少了转介来访者去看医生的困难,同时也减轻了家长对寻求精神医生协助的困惑和就医的不易,疾病可得到及时治疗。

预检

儿童和青少年心理治疗不同于一般的心理咨询,它是一项较为深入的心理服务。学生中常见的心理困惑、情绪问题、学业困难、人际矛盾或家庭冲突等基本上在学校或基层的心理咨询机构就能解除。但在现实生活中,儿童和青少年以及他们的家长并不清楚他们的心理问题应该在何处寻求帮助,因而纷纷涌向心理治疗机构,乃至来访者人数过多,供需严重失衡,许多来访者不能获得及时的治疗。预检实际上就是对儿童和青少年心理问题严重性的初级评估和筛选,以确定来访者应该在哪里获取及时有效的治疗。

所有寻求儿童和青少年心理治疗中心服务的来访者都由经验丰富的心理治疗师进行筛选。通常来讲,筛选内容包括年龄、心理问题的初级评估和服务时间的安排。

年龄

一些国家和地区规定了儿童和青少年可以自己寻求心理治疗的年龄限制,比如,有的地方规定14岁以上的儿童和青少年可以自己独立寻求心理治疗,而14岁以下的儿童和青少年需要他们的法定监护人签署同意书才能进行心理治疗。也有地区和国家规定,未成年人必须在监护人的同意之后才能开展心理治疗。

一些青少年不希望家长、老师或其他有关人士知道他们的心理问题,希望自己独自解决自己的问题。治疗师必须清晰地了解当地的法规和伦理,按规定行事。如果法规允许青少年独立接受个体心理治疗,治疗师除了接受他们,尊重他们的意愿并签署保密协议,在尊重来访者的原则下,可以在治疗过程中积极鼓励来访者与家长沟通,逐步开展家庭心理治疗,有可能的话也请老师协助心理辅导。

当然,也有少数的个案只有青少年的心理治疗而没有家长和学校的参与。比如,有位17岁的女学生失恋了,她与男朋友有过性关系。她的情绪极其混乱,甚至出现自杀倾向。她坚持认为她的父母比较固执,父母知道后情况会更加糟糕。在符合法律和伦理的前提下，治疗师尊重了她的意愿，只对她个人进行心理治疗，她也积极配合，心理状况得到明显的改善。

心理问题的初级评估

来访者心理问题严重程度的初级评估是预检的核心。

自我转介者的心理评估在预检时即可进行，符合心理治疗中心服务范围的来访者就能纳入服务名单。如果来访者的问题通过一般的心理咨询或心理健康教育就能解决的，那么，预检员会将来访者转介到相关的心理咨询机构。

由家长转介的儿童和青少年，如果只是一般的亲子沟通问题、学业不良、任性不听话等，预检员会将他们转介到相关的亲子教育或心理咨询机构。如果家长表示他们的孩子心理问题十分严重，那么，家长必须将孩子带到心理治疗中心，由预检员对儿童或青少年进行面对面的客观评估。家长对自己孩子心理问题的判断不一定客观，有的家长忽视子女的心理健康，将孩子的严重心理问题轻描淡写地当作儿戏；也有的家长非常焦虑，过分夸大子女心理问题的严重性。因此，预检时除了听取家长的情况介绍外，也需要与他们的子女进行面谈。

在临床实践中，经常会遇到儿童和青少年拒绝参与心理治疗，连预检都不愿意参加。如果从家长的描述中可以判断儿童或青少年的情况很严重，符合治疗中心的服务范围，那么，家长可以先参加心理治疗，学习应对儿童和青少年心理障碍的方法，同时积极鼓励孩子们参与心理治疗。

如果个案由学校老师转介，预检员了解了学校转介的理由外，还必须与该学生和家长面谈，对该学生进行面对面的初级心理评估。

在某种情境下,无论是家长或学校转介的来访者,他们都拒绝参加治疗,也不愿意前往心理治疗中心做预检,但是病情十分严重、危急。为了确保儿童和青少年的身心健康和生命安全,儿童和青少年心理治疗中心与医疗机构的联动性服务可以派遣精神科护士与社工或治疗师前往来访者的家里查看,客观评估儿童和青少年的精神状况和病情的严重性,提供及时有效的治疗。

儿童和青少年的心理状况是不断变化的,有可能很快就好转,也有可能急转直下,情况变得非常糟糕。因而,预检员会告诉每位来访者、家长或老师等相关人士,一旦发现儿童和青少年的精神或情绪问题处于失控的紧急状态,有可能发生伤害自己或他人的情景时,必须立刻致电紧急救护中心,以获得及时的救助。比如,有的孩子与父母发生剧烈的冲突,准备爬窗跳楼,幸而家庭成员及时报警,家长马上压制了自己的怒火,避免了严重伤害;又比如,有学生精神混乱,企图用椅子砸同学,老师即刻致电急救中心,该学生被送进医院治疗,后来恢复良好。

服务时间的安排

并非每一位经过预检的儿童或青少年马上就能获得心理治疗。心理治疗是一项较长时间的任务,不同于一般医院里医生看病,问一下病情开个处方就可以了。心理治疗涉及对来访者歪曲的认知、情感和行为的矫治,一般需要几周、十几周甚至更长的疗程。尤其是儿童和青少年正处于发展发育时期,该阶段的心理治疗更为重要,他们的心理问题若能获得妥善解决,将对他们今后的发展起到巨大的促进作用。儿童和青少年的短程心理治疗通常为8～12次治疗,以每周一次为主,问题严重者治疗次数和频率将酌情增加。

经过预检的来访者将按转介时间的先后排队等候,一旦治疗师结束了一个疗程,他就开始接手等候着的另一个来访者的治疗。等候时间的长短由治疗师的多寡和来访者人数的多少而定。处在等候阶段的来访者一旦心理状态出现明显恶化,严重者应该及时致电急救中心或送医院急诊治疗,他们也可以通报治疗中心,以获得及时的帮助。预检员会定期去电给那些等候名单上的来访者,了解他们心理状态的现状与变化,询问他们有何特别需要。

与医疗机构联动的又一优势是,已经住院或在急诊治疗后病情缓解的病人可以获得不间断的持续性服务。当儿童或青少年准备出院时,精神科医生、社工、医院的心理学家和其他相关人员会邀请家长与治疗师一起参加该病人的出院会议,让病人和家长认识那位马上会接受这个案例的治疗师。治疗师也能从出院会议上了解来访者的病情和他们的需求。也就是说,那些情况比较严重、已经经过医院初步诊治的儿童和青少年不需要排队等候,他们理应获得持续性服务。

诊断

按规定,儿童和青少年心理疾病的诊断应由具备一定资质、已获取执照的心理学家、精神科医生或儿科医生所承担,一般的治疗师不具备诊断心理疾病的资格。

在儿童和青少年心理治疗中心,通常有儿童精神科医生、心理学家或儿科医生一起参与儿童和青少年心理疾病的治疗工作,心理诊断是他们的职责。

在北美,心理诊断以《精神障碍诊断与统计手册》(DSM)为标准,随着DSM的更新,诊断标准和名称也会有所变化。

精神科医生或其他专家在对儿童和青少年进行心理诊断前,会详细了解预检员所获取的资料,听取家长和老师的意见,尤为重要的是与来访者进行面对面的谈话,以便客观地做出评估和诊断。

比如,有的学生表现出注意缺陷/多动障碍(ADHD)的临床症状,精神科医生在对来访者诊断前,会请家长和老师各填写一份问卷,然后再与来访者面谈,最后才综合多方面的意见做出诊断。有时,家长和老师的问卷明确表示某学生具有符合 ADHD 诊断标准的各种指症,但是,当精神科医生与该学生面谈时却发现他更多地显示了认知发育方面的迟滞。心理诊断是为了更好地治疗,诊断错了,会贻误治疗或做出有伤害性的不良治疗。虽然认知发育迟滞和 ADHD 都有明显的注意缺陷的症状,但两者的治疗方法不同。于是,治疗师会与精神科医生一起到该学生的课堂和操场去观察他的认知状况和行为举止,最后做出准确的诊断。

又比如,由青年来访者自己填写的抑郁量表虽然对诊断起了至关重要的作用,但是,精神科医生与他面对面的谈话能了解到更为真实的信息。一些抑郁的青年,有可能随意地在问卷中大量选择高分或低分的回答,使问卷结果呈现出严重抑郁或无抑郁症状。富有经验的精神科医生在与来访者面谈时,通过仔细观察,可以获取更多的客观信息。比如,注意观察来访者的眼神,严重抑郁者较难控制流泪,回答问题时的非言语性表现都能客观地显示他们的抑郁状态。准确的诊断为抑郁症及时而恰当的治疗提供了依据。

某些特殊的心理障碍需要由经过特殊培训、获取特殊执照的精神科医生或儿科医生进行诊断,比如自闭症的诊断就需要特殊的执照,因为自闭症患者的早期治疗和干预对病情的改善有着明显的效果。在加拿大,政府根据年龄的不同对自闭症患者提供不同金额的

第四章 儿童和青少年联动性心理治疗模式

治疗性补助,6 岁以下的儿童的补助金额较高,因为早期干预更为有效,6 岁以上的经费会减少。

还有,儿童和青少年的发育障碍也需要经过"心理—教育评估"。这项评估须由专门的学校心理学家来实施,主要测试学生的认知心理和学习能力,并依据测试所获取的信息资料,做出评估和诊断。"心理—教育评估"涵盖学生认知能力的评估和辅助计划的建议两大方面,旨在针对学生的心理状况,提出适合这个学生的教学计划、治疗措施和家长需协助的任务。

"心理—教育评估"中认知心理的测试包括智力、语言能力、记忆、言语的和视觉的学习能力测试,还包括注意力、纸笔活动中的眼手协调能力、计划能力以及冲动反应形式的评估等;学生的学习能力测试包括阅读能力、拼写能力、写作能力、数学能力、口头表达能力、听声后的理解能力以及学习频率(阅读速度、写作速度和运算速度)等。

"心理—教育评估"的测试完成之后,心理学家将针对学习有困难的学生制定一个有利于其个人发展的特殊规划,使该学生今后能更加健康地成长,能独立自主地生活,减少家庭和社会的负担。学校会依据学生"心理—教育评估"的结果来安排他们的课程,提供一定时数的教学辅导等。

"心理—教育评估"是儿童和青少年心理诊断的重要依据,也是制定心理治疗和学习计划的重要参考信息。

治疗

严重的心理障碍或精神疾病不仅需要心理治疗,而且必须接受药物治疗。研究表明,脑内化学物质的不平衡和脑功能的紊乱将导致严重心理障碍和精神疾病，因而药物的治疗不可或缺。心理治疗与药物治疗可以相辅相成，协调共进，共同改善病情。心理疾病严重时，来访者情绪不稳，认知歪曲，药物能够帮助来访者稳定情绪，创造心理治疗的条件；同样，心理治疗促进来访者对服用药物的认识和按照医嘱服药的行为，有效改善了来访者的心理状况。

比如，严重的精神分裂症患者、严重的抑郁症患者或双相障碍者，倘若没有药物的控制，他们无法与治疗师进行理性沟通，而且也还有可能出现伤害自己或他人的行为。

来访者的药物由精神科医生出具处方，治疗师协助监督药物的服用。治疗师与来访者面谈时，能及时了解来访者服用药物的情况和治疗的效果及副作用，并向精神科医生提供来访者的反应和意见。为避免有些家长和来访者担心精神药物的副作用而擅自停药或减药，治疗师会与精神科医生协作，详细释解药物的治疗效用和副作用，消除不必要的担忧与顾虑。

心理治疗师与医疗机构的精神科医生联动服务于儿童和青少年，可以有效帮助那些需要精神药物治疗的来访者。有时，儿童和青少年或他们的家长们，因为寻求精神科医生帮助的不方便，或者内心存有对精神疾病的偏见，往往不愿去看精神科医生，结果贻误治疗而导致疾病恶化。还有一种情景是儿童和青少年在心理治疗的过程中，病情恶化，不得不住院治疗。一般来讲，医生确定合适的精神药物类型和恰当的治疗剂量需要3～4周的时间，在来访者住院期间，治疗师与医疗机构的联动可以帮助儿童、青少年和家长们缓解焦虑情绪，配合医生的治疗，促进康复。

某些经过住院治疗或休学的心理障碍患者，在疾病缓解后，盼望着重返学校上课或继续回去工作。但是,家长、老师或雇主很难确定该学生或雇员是否具有正常学习和工作的能力。儿童和青少年心理治疗中心与医疗机构的联动为儿童和青少年回归正常生活提供了条件,治疗师可以与精神科医生一起评估该来访者应对压力的能力,提出适当的渐进性回归学习和工作的日程,以确保来访者不会因为压力的骤增而出现病情恶化。

个人与社区的联动性心理治疗

个人与社区的联动性心理治疗为儿童和青少年的心理保健工作开创了一个崭新的局面,其效果日益彰显,前景光明灿烂。

人是社会性的人,人与社会的互动是生活的自然组成部分。具有心理障碍或心理问题的儿童和青少年在社会性互动、人际交往方面经常会出现一些困惑、焦虑、矛盾或恐惧。即便治疗师、家长或老师以最恳切、最励志的言语来鼓励他们积极参与社会活动,但是口头的教诲通常收效不彰,在现实情境的冲击下,部分有心理障碍的儿童和青少年还是难以迈出大胆的步伐。

为儿童和青少年提供的社区联动性心理治疗模式为来访者们提供了形式多样、内容丰富的活动,有助于改善儿童和青少年的生活和社会环境,鼓励他们积极参与社会活动,增进心理健康。

社会工作者

社会工作者是政府部门的工作人员,他们在儿童和青少年的社区联动性心理治疗中担任着重要的角色。

儿童和青少年所面临的心理危机和现实的困境,通常需要政府部门的协助,治疗师与社工的密切合作是儿童和青少年心理健康的保障。

比如,遭受虐待的儿童或青少年,在必要时,他们不能继续居住在受虐的环境里,社工会安置他们住到一个安全的地方。这些受到虐待的儿童或青少年,他们创伤的心灵需要安抚与疗愈,他们到一个新的环境所产生的不安与焦虑也需要心理辅导,因而治疗师会与社工一起帮助受虐的儿童和青少年度过人生的艰难时期。

被性侵,或受到暴力伤害,或遭遇其他灾难的儿童和青少年,他们在司法人员和社工的帮助下能获得实际的帮助。与此同时,他们也迫切需要心理上的治疗。因而,社工和治疗师通常一起工作,相互协作,为儿童和青少年的身心健康而努力。

青年工作者

青年工作者是为生理或心理有残障的儿童和青少年提供一对一服务的工作人员。

不论是躯体活动能力受限,还是认知能力低下或情绪障碍,人群中总有部分身心残障的儿童和青少年有困难参与正常儿童和青少年所能参与的一些活动。在现实生活中,并不是每位身心有障碍的儿童或青少年的家长都有条件或有能力带领和帮助孩子们参与一些他们所向往的,或者是应该具备某种能力的活动。那么,青年工作者就能作为儿童和青少年的好朋友、好教练,协助他们参与各种活动,提高社交能力,提高自信,增进儿童和青少年的福祉。

比如,有位患有社交障碍的中学生很喜欢打篮球,但他的焦虑阻止他与别人一起玩。他经常一个人在空旷的球场投投球。青年工作者会带着他一起打球,然后再招呼更多的孩子一起玩,帮助该学生逐步克服焦虑与惊恐。一旦该学生感到焦虑不适时,青年工作者会根据具体情境而决定是否停止活动,或给予积极鼓励,继续进行。心理治疗时所提及的认知行为改善并不只是诊疗室里的絮叨漫谈,青年工作者带领来访者一起打篮球,以实践性训练和练习来帮助来访者更好地运用所学到的理论,使他的焦虑状况获得明显改善。

又比如,患有自闭症谱系障碍的青年,为了提高他们独立生活的能力,治疗师仅仅在诊所里进行指导通常效果不佳。独立生活能力需要实践,青年工作者会带领来访者去超市买东西,陪同他们乘坐公交车,学习如何查看地图和公交车的线路图,与他们讨论生活费用的安排等。

青年工作者的工作内容没有固定的条文细则,来访者的需求就是他们工作。有时,他们会接送儿童或青少年到心理中心接受心理治疗;有时,他们会陪来访者去图书馆查阅资料;有时,他们会一起去游泳,一起去爬山。他们会聆听来访者的心声,想方设法帮助来访者解决具体问题,他们是来访者的生活楷模。

青年工作者与心理治疗师、家长、学校老师、医疗机构的医生、社会工作者,或许还有监狱外监管员、警察局的社区工作人员一起组成一个团队,彼此协助,共同帮助儿童和青少年克服心理障碍,增进心理健康。

青年外展工作者

青年外展工作者通常具备心理咨询和心理教育的能力,他们的主要任务是到学校或社区中心为有需要的青年们提供心理咨询和支持性服务。

家长、学校老师经常发现一些青年学生存在着某种心理障碍,或为情绪问题所困扰,或承受着巨大的心理压力,甚至有的学生具有自残和自杀的倾向。但是,这些学生并不愿意到心理辅导中心或心理治疗机构接受任何帮助。于是,青年外展工作者就到学校、社区活动中心、公园、运动场,有时还会去咖啡馆,主动与这些青年学生联系,努力建立良好的咨访关系,提供心理咨询和支持性服务,在必要时可以帮助青年学生转介到适当的机构,以获得进一步的治疗。

青年正处于生理心理的发育发展期,也是一些精神疾病和心理障碍的发病期。青年是社会的未来,青年的身心健康关系到今后社会中人们的身心健康。任何疾病都是早发现、早治疗才能取得良好效果。青年外展工作者的服务令传统的心理治疗如虎添翼,能更广泛地为青年提供心理救助,也能及时发现处于心理危机的青年,及时进行干预。

学习资源教师

心理障碍会导致儿童和青少年的学业受损,社区联动性治疗模式中有一个分支就是学校里的学习资源教师。

学习资源教师与一般的教师不同,他们专注于辅导有身心障碍的学生。每位学生需要资源教师辅导的时数由"心理—教育评估"来决定,身心障碍严重者可能需要一对一的全日制辅导,问题较轻的学生可获得时数比较少,半天或每天1~2小时,需求不同,时数不等。

资源教师也是儿童和青少年心理治疗师的协作人员,因为他们与患有心理疾病的儿童和青少年密切接触,能更客观、更深入地了解这些学生的认知、情感和行为方面的异常表现和特长优势,也能发现他们在心理治疗后病情的康复和心理状况的改善。资源教师与治疗师的积极沟通、相互配合和信息分享,是提高治疗效果的有力保证。

第四章 儿童和青少年联动性心理治疗模式

青年之家

"青年之家"是为那些没有合适居住地方的青年所提供的暂时性居住场所。居住的时间长短因人而异,一旦成年便不能继续居住。

被转介到"青年之家"的青年情况不一,不幸的青年各有各的不幸。有些是流落街头的青年,有些人患有严重心理障碍而无法继续生活在自己家里,也有的人因各种家庭问题而不适于继续在家里生活。

居住在"青年之家"的青年们,该上学的仍然正常上学,该工作的继续工作。虽然"青年之家"有工作人员管理他们的生活,但是,每个青年都被要求自己管理好自己应该管理的事情,比如洗衣服,收拾房间,协助做饭、洗碗等。

一些患有严重心理障碍并具暴力倾向的青年,家长无法管教他们,亲子间冲突剧烈,整个家庭无法正常生活。这些青年将被安置在"青年之家",暂时离开家庭一段时间。心理治疗师除了对青年进行个人心理治疗外,还开展家庭治疗。社区联动治疗系统的各个部门分别发挥各自的作用。在大家协力合作下,努力改善这些青年的心理状况,维护家庭的和谐与安稳,在适当的条件下,青年们将重新返回自己的家。

寄养家庭

当儿童和青少年因父母患有严重生理或心理疾病或其他行为障碍而无法照顾孩子时,或当儿童或青少年患有严重心理障碍而家长已经没有能力养育孩子时,或当家庭经受了严重危机父母无法照顾自己的孩子时,或当婴幼儿被家长遗弃在街头时……只要当儿童和青少年的身心安全和健康没有保障时,寄养家庭就会为儿童和青少年们提供一个安全温暖的家。孩子们可以被转介到另外一个家庭,与寄养父亲、寄养母亲以及寄养家庭里的其他孩子生活在一起,成为他们家庭中的一员,开始正常的生活。

任何当地的成年男女都可以申请成为寄养父亲或母亲,不过只有符合寄养家庭条件的家庭才会被接受。一般来讲,若要成为寄养家庭,该家庭的成员必须没有犯罪记录,寄养家庭的父母要具有照顾和养育孩子的能力。他们除了给寄养儿童或青少年提供居住场所外,尤为重要的是确保寄养家庭是安全的,大家都乐于满足寄养儿童或青少年的合理需求,尊重孩子们的文化传统。

一般情况下,寄养儿童和青少年会在寄养家庭附近上学,也会定期与社工会面,定期去见心理治疗师和参加其他项目的活动。如果孩子单独出门有困难,寄养爸爸或寄养妈妈会带他们去见社工和参与心理治疗。孩子们生活在寄养家庭的时间长短不一,视具体情况而定。但是,当孩子们成年后,他们必须离开寄养家庭。

曾有个女孩,她妈妈吸毒酗酒,根本没有能力养育她,而且她母亲也不能确定她的父亲是谁。她自一出生起就由社工送去寄养家庭生活。她的寄养父母对她视如己出,令她获得一个幸福的童年。但是,几年后,寄养妈妈身患重病,无法继续照顾她,她只能由社工送去另一个家庭,后来又换了一个家庭。寄养家庭的不稳定对儿童和青少年也是一种伤害。

生活在寄养家庭的孩子们有着各种各样的问题,几乎每个寄养儿童或青少年都会接受心理治疗。社工、学校老师、寄养父母和其他相关人员都是联动性心理治疗网络中的一员。某种情境下,寄养孩子的亲生父母的状况获得改善,被寄养的孩子会逐步返回自己的家里生活。孩子们先回家度周末,然后每周回家住几天,最后完全搬回家。在这个过渡时期,孩子们的亲生父母也会加入联动性心理治疗之中。

寄养家庭给有需要的儿童和青少年们提供了一个安全平和的生活环境,但也有利有弊。孩子们能有自己的安全幸福的家,有关爱自己的亲生父母,有健康和谐的生活环境才是至关重要的。

欣欣互助小组

近年来欣欣互助小组的形成和发展已显现了很大的成效,许多地区在学习和推广,获得了儿童和家长的好评。

所谓欣欣互助小组,是由社工、学校辅导员、心理治疗师、社区心理卫生工作者等组成的一个团队,为那些家长患有精神疾病的孩子们提供团体心理治疗和一些愉悦的活动。

不难想象,如果一个孩子的父亲或母亲患有严重精神疾病,那个孩子的生活将是怎样的情境。比如,约翰的父亲是一位躁郁症患者,在躁狂发作期,约翰的父亲情绪振奋,精力十足,不停地说话,认为自己是世界上最聪明的人。他在家里翻箱倒柜,拿着锤子东打西敲,吓得小约翰躲在一角不敢出气。那几天,父亲几乎不睡觉,他会深更半夜地叫醒全家人去看他鼓捣出来的"杰作"。不久,他父亲又陷入了极度的抑郁,躺在床上不想动弹。约翰会担心父亲是不是死了。他的母亲要上班,要挣钱养家糊口。她自己都累得精疲力竭,没有时间和精力来关心和照顾年仅7岁的约翰。

人们也不难想象那些患有精神分裂症、强迫症、焦虑症、抑郁症或是反社会性人格障碍的人们,他们的子女会经受怎样的折磨。

同学们的爸爸妈妈会带着他们去公园、去游乐场、去游泳、去溜冰、去看电影、去学画画、去麦当劳吃汉堡包、去参加那些非常好玩非常开心的活动,但是约翰和另一些父母患有精神疾病和心理障碍的孩子们,却没有这种机会。

欣欣互助小组为孩子们提供了一些享受童年乐趣的机会。组织者们带着孩子去郊游,去看电影,去科技馆,去水族馆,去吃汉堡包,教大家画画,学手工,做游戏,开展各种体育活动。在孩子们生日时,大家一起为他/她庆贺生日。活动之余,心理辅导员和治疗师们会与孩子们一起席地而坐,促膝谈心。有孩子说道:"以前我看到爸爸不停地用头撞墙,有时头都撞破了。我常害怕得不知怎么办。现在我知道了,其他小朋友的爸爸或妈妈也有行为不正常的情况。我会记得督促爸爸按时服药。现在他病情稳定多了,不再撞头了。"也有孩子在谈论家庭生活时泣不成声,治疗师会与这些孩子个别交谈,倾听他们的心声,帮助他们解除心理困惑与痛苦。

许多家长虽然希望孩子们能参加欣欣互助小组,但因条件所限,他们没有办法接送孩子们参加活动。于是,接送孩子成了治疗师、社工或社区辅导老师的额外任务。风雨无阻的接送任务并非易事,因为每位专业人士都有自己的工作。但是,看到孩子们参加活动时的喜悦,大家还是想方设法完成接送任务。

也有部分家长亲自送孩子来参加活动,治疗师或社工会利用孩子们参与活动的时间,组织家长们开展团体心理治疗和心理健康教育,聆听他们内心的痛苦,分享各自的生活经验,学习有关心理卫生的知识,探讨应对家有精神病人的策略以及养育孩子的方法。

欣欣互助小组根据年龄的差异分成不同的小组,开展不同的活动。逢年过节,组织者会邀请家长和孩子们聚在一起开派对,大家喜气洋洋。节日的快乐对一般孩子来讲是件令人期盼的事,而对那些父母有精神疾病的孩子来说,大家能聚集在一起欢庆节日更是来之不易。

多媒体实验中心

在儿童和青少年群体中,那些患有注意缺陷/多动障碍的孩子,那些脸部抽动、喉部发出怪声的儿童,那些患有强迫症、抑郁症的青少年,那些患有精神分裂症、刚出院处于康复阶段的中学生,那些躯体肥胖,一直受到欺凌的学生,那些情绪不稳、曾经触犯校规而受到处罚的学生……,当那些有着各种心理问题的学生们看到自己创作、拍摄和编辑的小电影在社区礼堂放映后获得一阵阵热烈的掌声时,他们略带羞涩的脸蛋都呈现出了既往少见的自豪与荣光!他们的家长观看后喜极而泣!他们不善言语的代表在致谢时真诚地说道:"谢谢老师们!谢谢志愿者的大哥哥大姐姐们!虽然我们患有心理障碍,但这并不可怕,我们也可以做许多自己想做的事!我们今后会做得更好!"

社区活动中心创办的"多媒体实验中心"与心理卫生机构和学校联合起来,组织那些患有心理障碍、但对影视制作感兴趣的学生学习如何写剧本,如何拍摄,如何剪辑以及如何播放。除了自编自演的影视作品外,他们还创作动画片。这个多媒体兴趣小组每周由专业的电影制作人给他们上课,实验中心提供各种设备,平时由担任志愿者的大哥哥大姐姐来协助他们编写、制作和剪辑。

一些心理有问题的学生们,他们时常会爆发出极佳的灵感,有不同寻常的能力,即便某些学生似乎愚钝一些,但是,他们时不时冒出的幽默和聪慧的言语常成为影视作品中的警言妙句。一些优秀的小电影还参加了美国和欧洲的中学生电影节,获得各种奖项。这项富有创意的影视制作活动不仅为心理有问题的学生们增加了课外活动的兴趣,同学们、老师们和家长们也对他们刮目相看,尤为重要的是,他们在创作的过程中发现了自己的长处与优势,激发了自信心的快速上升。

由6位患有各种心理问题的中学生制作的小电影《每个人都会犯错》曾在中学生电影节上获奖。在指导老师和志愿者的协作下,学生们自编自导自演。电影中有个学生感冒的情节,作为主角的小胖墩把这个感冒情节演得活灵活现。后来家长和老师告诉大家,小胖墩为了拍好这个情节,非要折腾到自己受凉流鼻涕咳嗽,他认为只有在那种真实的情境下,他才能演出真实的效果。电影中所表现的学生因心理障碍而影响学习、把人际关系搞砸、无法控制怒气而闯祸等事件都是他们的亲身经历,演得特别感人,尤其是犯错后的内心挣扎,提醒观众不能只看到孩子们犯错,更要关心他们的心理感受。

心理健康状况的改善并非只在治疗中心才能获得,学生们在多媒体实验中心所受到的锻炼和激励是诊疗室里难以获取的。

大哥哥大姐姐之家

"大哥哥大姐姐之家"也是心理治疗师的协作伙伴,是社区联动性心理治疗的一部分。

"大哥哥大姐姐之家"主要由经过专业培训的志愿者所组成,由具有社会工作、心理辅导、学校教育、精神卫生和健康科学等多方面专业知识的人士统筹负责。

儿童和青年的健康发展对社区民众的福祉至关重要。儿童和青年是社会的未来,他们的早期生活质量不仅对个人和家庭有着重要的意义,而且也与整个社会的长期安全和谐相关。

儿童和青少年有着积极向上发展的潜能,释放他们的真正潜能,创造一个皆有可能的未来是家长和孩子们的共同愿望。

"大哥哥大姐姐之家"提供多种服务,其中最主要的是"青少年在校领路人计划"和"成人领路人计划"。

所谓领路人是指比较有经验的人指导新手适应环境、奋发向上。在"青少年在校领路人计划"中,一些比较优秀的青少年志愿者会向需要帮助的低年级学生提供一对一的帮助。青少年领路人约每周一次与他们的小伙伴在当地的小学见面一小时,参与体育活动,玩游戏,一起进行艺术创作,或者只是一起出去玩。

"成年领路人计划"中的领路人是成年志愿者,他们开展活动的内容基本上与青少年领路人的活动相似,也是一对一的指导,只是成年领路人除了在校内活动外,还能够带领儿童和青少年外出参与社区的其他活动。

一些情绪不稳、行为不良或在生活中遇到挫折的儿童和青少年,虽然他们没有严重的心理障碍,但是他们若能获得一些心理支持将有助于其身心更加健康地发展。作为大哥哥大姐姐的领路人,他们所服务的对象一般是同性别的小弟弟小妹妹,通常是单亲家庭的孩子。如果一个男孩的家里只有妈妈和姐姐妹妹,没有其他的男性角色,那么成年的男性领路人能带领他去参加一些哥哥或爸爸会带男孩参加的活动,增进男孩的阳刚之气;如果一个女孩生活在单亲爸爸和哥哥弟弟的家庭里,那么作为领路人的大姐姐能与女孩子说些女孩子感兴趣的话题,促进女孩子身心更为健康。

在"大哥哥大姐姐之家",身为志愿者的大哥哥大姐姐们能获得持续性的培训,他们常能早期发现儿童和青少年的心理异常,并能及时将这些孩子转介到心理治疗机构,进行早期干预和早期治疗。

作为"大哥哥大姐姐之家"的领路人也同样受益匪浅。在带领年纪比他们小的弟弟妹妹时，他们不仅自己获得很大的乐趣，而且提高了沟通能力，拓展了社会活动的技能，增强了同理心，提高自我意识和自我调节能力，从而心理更为成熟，人生经验更为丰富。

个案综合性管理模式

儿童和青少年联动性心理治疗模式的具体操作形式，被称为个案综合性管理（Integrated Case Management，ICM）。

个案综合性管理模式是一种信息共享管理模式，以信息管理和系统整合的方式取代了陈旧的、孤立的管理方式。它可以在金融、商业、工程和医疗等诸多领域运用。在儿童和青少年的心理服务领域中，个案综合性管理模式由两个部门协同运作：一是政府的儿童和家庭发展厅，社工们运用该模式管理那些为儿童和青少年所提供的社会服务；另一是医疗卫生部门，医生们以个案综合性管理模式管理儿童和青少年的生理健康，而心理健康工作者们管理儿童和青少年的心理健康。

计算机的运用和网络的普及使儿童和青少年联动性心理治疗的个案综合性管理成为可能。

就标准型模式而言，治疗师在对儿童和青少年进行个人心理治疗的同时，积极开展家庭治疗，并与学校紧密配合进行学生的心理健康教育，因而治疗师是个案管理模式的主管。

治疗师负责整个案例的管理，可由秘书协助输入来访者所签署的各种文件，如治疗协议书、来访者的义务与权利、保密原则及其局限性、信息提供协议、既往心理评估报告和学业报告等。

治疗师将每次与来访者、家长或老师的会面情况记录在计算机的个案栏目内,作为该来访者的档案。来访者的电子档案的管理与普通档案的管理原则相同。

治疗师的督导也会把每次督导的内容记录在案。

强化型模式是在个人、家庭和学校三者联动的标准模式基础上形成更为广泛的协作,即在为儿童和青少年提供心理服务的同时,家庭、学校、社区、医疗卫生单位、社会工作者、青少年司法机构和媒体工作者等联合起来,形成多元化的联动性心理健康服务模式。在强化型联动治疗模式启动后,个案综合性管理则是必不可少的管理方式。

在强化型的联动性心理治疗模式的个案综合管理中,治疗师是主要管理人员,除了平时必须由各位参与人员签署有关义务和权利、保密原则及其局限性、信息提供协议等文件外,治疗师还必须按照伦理原则来控制信息分享的限度与范围。

经过预检,当治疗师接管来访者后,他将全面负责该来访者的个人心理治疗、个人与家庭的联动性心理治疗、个人与学校的联动性心理治疗。来访者的心理评估与诊断将由个案综合管理团队中的心理学家、精神科医生或儿科医生负责进行。倘若该来访者需要药物治疗,治疗师会参与精神科医生与来访者的面谈,了解药物的使用和来访者对药物的反馈意见。

治疗师通常会与个案综合管理的团队互助合作,由学校安排来访者获取一定时数的学校特殊学业辅导,或转介来访者和他们的家长参与有助于心理健康的社区活动,如团体小组、体育活动、影视制作和种植小组等。

治疗师将与儿童和青少年个案综合管理团队的成员保持密切联系，通常在开学初期和学期结束前召开个案管理团队会议，作为来访者的儿童和青少年是否参加会议则由他们的心理状况所决定。有的学生可以参加全程会议，也有的儿童和青少年只参加半程会议，部分来访者尚不具备参加会议的条件。

强化型联动心理治疗的个案综合管理会议是个耗费资源较多的活动，参加会议不仅有来访者和他们的家长，还包括治疗师、学校有关人员、精神科医生或儿科医生、社工、社区团队工作人员、青年工作者等多位人士的参与，但是，一个流程清晰、主题明确的简短会议可以分享大量信息。通过会议，整个综合管理团队的成员都能知晓来访者所存在的问题，已取得的进步，今后的努力方向和各自的任务。

多年的实践经验表明，联动性心理治疗模式的个案综合管理是行之有效的。现代化的儿童和青少年心理治疗已经不是传统的一对一的谈话疗法，多单位的协同，信息的共享和服务目标的统一，构成了个案管理的基本原则，大家同心协力才能更好地攻克儿童和青少年的心理障碍，增进其心理健康，促进家庭的和谐和社会的安稳。今天对儿童和青少年的付出，能促进他们更健康地发展，明天的社会负担将会大幅减少。儿童和青少年的心理问题如果无法在早期解决，那么，个人、家庭乃至社会终将为其付出更大的代价。

不过，个案综合管理在显示出诸多优势与便利之时，也有其弊端，其中最主要的是个案信息的保密问题。儿童和青少年个案综合管理的负责人承担着信息守门人的重要角色。这个守门人可能是治疗师、社工或其他有关人士，他们必须非常熟悉和理解心理卫生的伦理原则，知晓哪些信息是可以公布的，哪些隐私是需要保密的。如果处理不当，不仅会影响治疗师与来访者的关系，也会导致专业人士之间的沟通失败。

计算机和网络的广泛运用为个案综合管理提供了方便条件，同时也需要人们付出更多的努力与专业技术来确保网络中个人信息的安全性。有时一个细小的疏忽，可能会酿成巨大的伤害。任何有关人们身心的工作，来不得半点马虎。

第五章

儿童和青少年心理治疗的原则

寻求心理治疗的儿童和青少年们都存在着各种各样的心理问题,心理治疗的目的是发现问题,解决问题,缓解心理障碍,激发前进动力,增进心理健康。儿童和青少年正处于发育成长阶段,具有较大的潜力和可塑性。儿童和青少年的心理治疗不仅要关注心理症状的方方面面,更要放眼未来,注重年轻人的成长与发展。

"扬长避短"的治疗原则

常言道,幸福的家庭都是一样的,而不幸的家庭各有各的不幸。那些具有心理问题或心理障碍的儿童和青少年都面临着形形色色的困惑与难题。

传统的治疗方式是发现问题,做出心理诊断,然后针对心理问题提出解决问题方案,再根据治疗方案进行心理治疗。

实践证明,这种治疗原则是可行的,但不是最佳的。最为有效的方法是在发现问题,提出心理诊断的同时,努力挖掘来访者的优势,以"扬长避短"的原则为主旨,以提高来访者的信心和自尊为重点,辅以必要的心理治疗或药物治疗,这样才能真正有效地改善儿童和青少年的心理健康,增进他们的福祉。

纵观历史上许多杰出的科学家或艺术家,倘若将他们的思维、情感和行为表现与心理疾病诊断标准一一对照,通常能对其做出各种心理疾病的诊断。但是,这些伟人之所以能成为伟人,是因为他们天马行空的胡思乱想、乱涂乱画、胡说乱动的怪异行为并没有被各种治疗手段所压抑磨灭,他们仍然能从事自己喜欢做的事情,充分发挥自己的优势,最终成为伟大人物,流芳百世。比如,众所周知的画家梵高,举世闻名音乐家舒曼,诺贝尔经济学奖获得者纳什,他们都是严重的精神病患者,但是他们充分发扬了自己的天赋与才华,成为各自领域里耀眼的星星。

在临床实践中,在与患有各种心理障碍的儿童和青少年的沟通和交流中,治疗师时常会被这些小小年纪的来访者在无意之间显露出来奇思妙想、惊艳作品、奇特能力所折服。都说天才与疯子仅一线之隔,我们这些心理卫生工作人员是否能真正地辨别天才与疯子?能否在天才与疯子之间找到平衡?这是个极大的难题。不过,在心理治疗过程中,治疗团队的专家们若能以"扬长避短"的原则来对待这些儿童和青少年,为这些特殊的幼苗开拓向上伸展的空间,不仅能改善这些年轻人的心理障碍,还能为儿童的健康、家庭的和谐以及社会的发展做出贡献。

所谓"扬长避短",就是要积极发掘儿童和青少年的优势与特长,发扬他们的长处与强项,从而解除他们的心理困惑,克服其心理障碍,促进心理健康。有时,心理障碍一时难以消除,那就先与心理障碍共存,凭借自身的优势来提高自信性,朝着自己的优势方向努力。

发现患有心理障碍的儿童和青少年的长处并不是一件容易的事。治疗师曾询问过那些有问题孩子的家长："你家孩子有什么长处?"虽然个别家长能说出孩子的一些特长,但多数家长们一脸沮丧,认为自己的孩子一直惹麻烦,看不出他们有什么优点。有家长说,自己的孩子自出生就不是一个正常儿童,心理障碍并不像发烧感冒,一下子发病,然后服点药就会好。抚养患有心理障碍的孩子,犹如一场与心理疾病的长期搏斗。甚至有家长说,孩子的心理障碍似乎给自己判了无期徒刑一般,看不到解脱之日。

家长们的抱怨并非无稽之谈。心理障碍对儿童和青少年的伤害和对家长的磨难,很容易使家长和周围人看不到孩子的优点,对心理障碍者怀有偏见和歧视也不足为怪。

比如,患有注意缺陷/多动障碍(ADHD)的学生,他的多动和冲动性行为经常搅乱课堂秩序,加之这学生有着注意缺陷的毛病,通常被标签为"不守纪律的坏学生"。治疗过程中,治疗师与家长、老师共同配合,努力发掘 ADHD 学生的长处。大家发现,患 ADHD 的学生智力通常不受影响,有的还很聪明,老师一提问,其他同学还没有反应过来,他已经知道答案了。只是在老师还没有让他回答时,他就大声嚷嚷。于是,老师立刻阻止了他的发言,他的冲动行为把他的聪明掩盖了。在心理治疗过程中,治疗师、学校老师、家长以及其他工作人员一起配合,采用"扬长避短"的方式来肯定来访者的优点,然后再提出纠正错误的方法。后来,当这学生再抢先发言时,老师没有批评他,还表扬了他回答问题又快又准确,肯定了他思考问题的灵敏性和独特性。结果,这 ADHD 学生自信大增,主动提出自己抢发言了,以后要改正。他兴奋地告诉治疗师:"老师以前都不表扬我,今天我得到表扬了!"那份喜悦铺满了整个小脸蛋。

另有一位患有自闭症谱系障碍的中学生,他非常抵触社工安排他去参加增强社交技能的团体活动,闹出了不少纠纷,尽管这些社交活动完全是针对自闭症患者的症状而设置的。不过我们需要理解,人们最不喜欢参加自己最不擅长的活动。在心理治疗过程中,治疗师发现该学生具有超常的计算机操作能力,他喜欢玩计算机,他有这方面的特长。后来,这学生辞掉了社交技能小组,在家长的支持下,报名参加了大学里的计算机编程班。这位自闭症患者,不仅学习成绩出类拔萃,还交上了同样酷爱计算机编程的朋友,会自己给朋友打电话,约朋友到家里一起玩计算机。尽管他平时仍是一个人躲避在一角,但他不再抑郁,学习成绩也明显上升。当他介绍自己编制的一个游戏时,他一改自己从不善于在教室里公开发言的状况,那一刻,他沉浸在他编的程序里,同学们也忘了他是班上的"怪胎"。

当人们聚焦心理障碍患者的优势与光亮,关注他们的成长和进步时,那些情绪问题和心理障碍将会被抛置一边,不再主宰和搅混儿童和青少年的思维、情感和行为。

如果帮助儿童和青少年成长的人们都能集中关注年轻人的优势与特长,那么,他们就会持有积极的心态,会用正面的视角来观察和评估年轻的来访者,会自然地流露出对来访者任何闪光点的重视与喜悦,尽管有时那些闪光点非常微弱。与之对应的是,长期受到批评、惩罚、嘲笑或歧视的心理疾病患者,若有机会体验到积极的、正面的、被尊重的氛围时,他们的潜力和热情就会被激发出来。人们常说,患有心理问题的儿童和青少年内心通常很敏感,对于人们的鄙视和厌恶,他们完全能够体会,并以加倍的反感和抵制回馈。反之,一个真心爱护、包容和尊重他们的人,尽管没有太多的华丽言语,他们也会报以百倍的信任和尊重。

有位轻度心理发育迟滞的抽动障碍男孩,他那不由自主发出的喉部怪声令周围的人感到讨厌,他那笨拙的脸部抽动令人嫌弃,他经常孤僻地躲避在角落里。在心理治疗过程中,治疗师观察到他对数字的超强记忆力,尤其是听觉记忆,他会一次次要求治疗师让他倒背一大串数字,当倒背成功后,他的得意程度完全不亚于治疗师的惊讶程度。这个不善言语的迟滞儿童,有时会自编押韵的诗歌,貌似童谣,但细心琢磨,真是天才之作!当治疗师赞扬他的杰作时,他那憨笑的模样可爱之至。渐渐地,他焦虑减轻,喉部怪音明显减少,脸部抽动也缓解。他曾满怀信心地说:长大了我要当数学家!当他在教室里当众解答数学难题时,既没有抽动,也没有怪声,同学们的欣赏让他自信倍增。

"扬长避短"的治疗原则常使来访者心情愉悦,症状缓解,家长和老师也深感疗效颇佳。一位患有强迫症的初中生,她每次出门都要数脚步,并确定进门或出门时是左脚还是右脚,严重影响了她的社会功能。严重时,她不愿出门,不肯上学。她和她的父母都为此痛苦不堪,不知如何是好。在游戏治疗时,治疗师发现她具有不同于一般学生的空间思维能力。她的父母知道后,兴奋不已,她爸爸说他自己就是因为空间思维能力强,在机械设计中总是胜人一筹。于是,父母买了一些有关空间思维能力的游戏与孩子一起玩。全家的情绪完全转向正面,女孩的强迫症明显好转,也愿意上学了。她母亲说,以往一早起床后就会谈起女儿的强迫症问题,叫她不要去数脚步,越讲女儿越不开心,每天的生活以争吵开启。现在,全家都在谈怎样让女孩的优势发挥出来,女孩也愿意跟爸爸聊高深的机械设计,谈论多维空间,强迫思维、强迫行为明显减轻。

如果有人以为四五岁的小孩子不会有什么情绪问题的话,那只能说明他不了解孩子。曾有一位4岁半饱受虐待的女孩,满脸写着忧伤。她不愿抬头举眼看人,她在嬉闹的儿童群体中一言不发,欢乐的情感似乎与她毫不相干。她不爱开口,她可以沉默无言地度过一日又一日。她夜间经常惊叫而醒,白天迷顿欲睡;她不思饮食,瘦小体弱。在治疗过程中,她特别喜欢画画和做手工,剪贴,拼搭,编织。每完成一个艺术品,她幼稚的脸蛋上会慢慢浮起淡淡的微笑。她会小心翼翼地把自己的作品包装好带回家。慢慢地,她愿意看着自己的艺术品讲故事,把自己的创伤经历以故事的形式宣泄出来。当她在幼儿园向小朋友们展示自己的艺术作品时,尽管羞怯胆小,但她很开心。心理治疗结束时,她画了一张"我爱你"的画送给治疗师,然后紧紧拥抱着治疗师,久久不愿离去。

几乎每一个儿童和青少年心理治疗的成功案例都与"扬长避短"有关。尽管有些心理障碍的症状很难全部去除,心理问题也难以痊愈,但是,来访者能正常地发挥社会功能,能与自己的某些症状和平相处,而且还能将自己的潜能挖掘出来,那不也挺好吗?

尊重儿童和青少年的原则

"都是小孩子啦,什么尊重不尊重?"有的来访者的家长如是说。

"怎么尊重他们?这些孩子心理都不正常了,怎么能听他们的?"还有家长这么说。

个别家长粗暴地嚷嚷:"他有问题,是个倒霉蛋,给我添的麻烦够多了,还要怎样?""家长的权威"似无形的阴影笼罩着许多家庭。"我是你爹,我说了算!"或"我是你妈,听我的!"随处可见。

家长的强势会削弱家庭成员间和亲子间的相互尊重。这些孩子虽然心理有障碍,但他们需要被尊重,需要被理解。但有的家长却反驳道:"他们懂什么?"

他们不懂吗?当他们不被尊重时,他们感觉不到吗?

当治疗师问青少年管教所里一位用暴力将邻居打伤的男孩:"为什么要打人?"那男孩说:"我小时候他们一直打我,现在我长大了,他再欺负我,我就惩罚他了。"

一位患注意缺陷/多动障碍的小学生说:"我在班上只有一个好朋友,他从来不欺负我,也不会瞧不起我,只有他最尊重我。"据了解,他的那位好朋友是位自闭症患者。

发育略为迟滞的一年级学生拒绝上学,再三追问,他才低声说:"老师不喜欢我。"

谁都无法理解一位家境优越、品学兼优的六年级小学生会躲藏在地铁站不想回家。他说他宁愿流落街头,也不想回到豪华舒适的家。原来他尿床,他父母逼着他当着全家人的面,当着街坊邻居的面,把尿湿了的床垫举着站在院子里。

人格的羞辱是非常伤人的,尽管他只是一个孩子,但他也有自尊。

十几岁的中学生被抑郁症折磨着,她早上没有精神起床,她不想上学,不想吃东西,已经好几天没有打扮梳洗了。她的母亲不理解她的抑郁,掀起她的被子,非要拖她起来,用难听的话语咒骂着她,认为她懒惰,不学好样,今后不会有好日子。那女孩企图自杀,幸而抢救

第五章 儿童和青少年心理治疗的原则

及时,自杀未遂。

人们不妨这样想想,为什么一个人发烧感冒了,或者断手断胳膊了,大家都会去关心她,带她去看病,让她好好休息,而不会逼着她去上学。难道抑郁症患者就不是生病了吗?为什么心理疾病患者就不能被理解、被尊重呢?

心理治疗强调同理心,要求治疗师们能站在来访者的立场上思考问题。所以,治疗师、家长、老师、社工或任何参与联动性心理治疗团队的人们都该蹲下身来,耐心倾听心理障碍患者的心声。

一位6岁的男孩因行为问题经常被他父亲打,用皮带抽、罚跪或挨饿,孩子受到各种体罚。

治疗师问他:"你爸爸经常打你,你怎么想?"

他战战兢兢地说:"我做错了事。"

"那么,什么样的事让你最难受呢?"

他一下子憋住了气,不再说话,他的眼泪在眼眶里直转。他尽量睁大眼睛,抬头凝视着天花板,泪水聚在眼眶里,始终没有流下。过了好一阵他才缓过神来,慢慢地吐出了令人震惊的回答:"我妈不让我哭!我憋不住。"

当心理卫生工作者和社工都聚焦于这男孩父亲的暴力行为时,几乎没有人关注他母亲对他的言语虐待和严厉的管教形式,他更惧怕他的母亲。

唯有尊重儿童,耐心倾听他们的真实想法,才能切实有效地帮助他们。人是需要被尊重的,儿童和青少年也是如此,心理障碍患者更需被尊重,因为他们是弱势群体。

治疗师曾与患有胎儿酒精综合征(FAS)的小学生在操场上玩网

兜接球游戏,这是一种与打乒乓球相仿的活动,但是规则不同。当治疗师向这位因母亲怀孕期间酗酒而导致心智行为都出现障碍的女孩询问怎么打球时,她异常兴奋,极其耐心地说着各种规则,并示范如何接球,手拉手地教治疗师发球。治疗师每每打出一个好球,她就大声欢呼,蹦跳着。

从此之后,她与治疗师建立了非常好的医患关系,行为举止都变得成熟了,家长都感到惊讶。因为这女孩自幼脾气怪异,不善与人交往。那母亲问她为什么那么喜欢去治疗师那里,她回答道:"我可以教她打球做游戏!"

尊重是习得性行为,倘若一个儿童生活在相互尊重的环境里,耳闻目睹,并亲身经历了被尊重的情景,那他就能学会如何表达尊重。他的自信会增加,行为也会改善。

尊重儿童和青少年隐私的原则

家长们常说:"小孩子有什么隐私?"妈妈们会滔滔不绝地告诉治疗师,她们偷看了女儿的日记,里面写了什么什么;爸爸们会说,他们用自己高超的技术监控了孩子们在网络上的言论,发现了孩子的秘密,但不知怎么处理。

有时,当孩子们刚从治疗室里走出来,等在门口的家长就迫不及待地问治疗师:"我家孩子跟你说了些什么?"

一些家长和青少年的冲突,起因便是家长擅自查看孩子的日记、手机信息和通话内容,还有一些家长在孩子的房间里设置了无死角监控器,孩子们的言行都在其监控之下。孩子们感到自己的隐私受到侵犯,而家长则振振有词:"我们是你的爹娘,是你的监护人,我们有权知道你的所作所为,否则怎么监护你啊!"

所谓隐私,是指个人或群体将自己或有关自己的信息与外界隔离,不希望被他人观察或打扰,从而有选择地表达自己的意愿。

儿童在四五岁时就有了朦胧的隐私意识,尤其是那些与父母、老师沟通不良的孩子。他们会说,"不要告诉我爸爸妈妈""不要告诉老师!"

未成年的儿童和青少年们能有自己的隐私吗?

答案是肯定的。倘若不尊重儿童和青少年的隐私,就无法与他们建立良好的沟通关系;无法确立相互信任的关系,就无法真正地帮助需要帮助的他们,无法促进他们的心理健康。

保护儿童和青少年的隐私,实际上是尊重儿童和青少年的一个侧面。

有小学生抱怨:"爸爸(妈妈)没有得到我的同意就乱翻我的书包!"

有中学生投诉:"爸妈怎么可以偷偷查看我的手机?偷看我的信息是不是偷窃行为?"

也有家长在偷看、偷听或窃取了孩子的日记、通话记录或网络信息后不知所措:"我偷看了孩子的手机,这么小的孩子怎么就谈恋爱了呢,我怎么揭穿她?""我孩子在网上讲的那些话是什么意思呀?""我偷偷翻了我女儿的提包,你知道我发现了什么?一个烟嘴!她是不是吸毒了?我怎么办?怎么问她?如果她知道我擅自翻了她的包,那她会闹得天翻地覆!"

深入了解一下,不难发现那些需要以偷看、偷听、偷查手段来获取子女隐私的家长都存在着与子女沟通不良的问题。倘若亲子沟通良好,直接坦诚交流就可以,何苦煞费心思、偷偷摸摸去谋取信息呢?好不容易得到了那些"秘密信息",如何与子女谈话又是一大难题。家长们一旦探查到某些信息后,经常会焦虑不安,按捺不住,旁敲侧击地去询问事实的真相。殊不知,孩子们通常对自己的隐私十分敏感,如果家长们一不小心泄露信息来源,那么,家长与孩子间的亲子关系即刻破裂。换位思考一下,谁愿意父母偷偷摸摸地窃取自己的隐私呀!

家长要监管教育自己的孩子,想知道孩子们究竟私下做了些什么,最好的方法是改善与孩子的沟通方式,尊重孩子,由孩子自己来告诉你。

其实,每个人都有一点个人的小秘密,即便是年幼的孩子,他们有时也会出现不知如何向父母坦言的情境,尤其是自己知道自己犯错了,但一下子不知道怎样向父母交代,可能会出现"保守秘密"的状况。如果家庭环境比较民主,家长能耐心倾听孩子们的诉说,通常孩子们会与父母沟通,说出自己的秘密。

有些心理卫生工作者也会经受不住家长的询问,在没有征得来访者同意的情况下直接把来访者的一些不愿意让父母知道的事情说了出来,于是,来访者失去了对心理咨询或心理治疗的信任。这不仅仅使咨访关系受损,它还可能对来访者的心理造成伤害,令他/她丧失自尊、失去信心,趋向愤怒、抑郁、焦虑与悔恨。

比如,一位从事IT工作的父亲,轻而易举地打印出女儿与一个他们不认识的男孩的谈话记录。现今的网络语言十分简洁,不了解事实背景的话,很容易误解。结果,父母的片面理解和严厉的训斥,彻底毁了他们的亲子关系。当学校的咨询师也拿着那份打印材料来

第五章 儿童和青少年心理治疗的原则

盘问来访者时,她几乎崩溃,她无法想象咨询师居然也会拿着"偷来的片言只语"来盘问自己。

注重个人隐私是对个人的最基本的尊重。在与儿童和青少年进行心理治疗时,治疗师通常都会询问:"我可以告诉你父母刚才你说的事情吗?""等一下你能自己告诉你爸爸妈妈刚才你所说的事情吗?"倘若没有来访者的允诺,在不违背伦理的原则下,治疗师没有权利泄露他们的隐私。

曾有一位学习优秀的女孩一下子学习成绩一落千丈,不再参加曾经热衷的社会活动,整日神志恍惚,甚至出现旷课现象。父母认为是父母闹离婚影响了女孩的学业。

当治疗师与那女孩建立了相互信任的关系后,女孩告诉治疗师,她所有的烦恼与家庭内的冲突全然无关,而是她暗恋上了学校里的已婚的体育老师。暗恋的痛苦令她魂不守舍,不知如何为好。女孩不愿把她的暗恋情况告诉任何人,治疗师尊重女孩的隐私,为她保守秘密。在治疗师的协助下,女孩走出了她的情感困境,女孩的学习和生活又恢复了正常。

治疗师一直没有把女孩的秘密告诉家长,因为这是对隐私的尊重。等那女孩充分信任她的父母后,她自己会告诉他们。当然也有可能父母会一直不知道她那段痛苦的情感经历。

有时,过分焦虑的家长会把许多有关家庭生活的重要信息视为"隐私"而隐瞒家人,包括他们的孩子,因而引致家人的沟通障碍。

比如,有的父母长期分居两地,结果以离婚收场。做母亲的认为把父母离婚的消息告诉未成年的青少年会影响他们的情绪,因而一直守口如瓶,编造各种谎言来面对孩子的询问。却不知敏感的子女早有所觉察,对父母的"隐瞒欺骗"行为十分不满。作为治疗师,不能轻易把父母离婚的消息擅自告知他家的孩子,而是要积极鼓励家长与孩子坦诚沟通,减少不必要的焦虑,由家长自己把缄守的秘密说出来。

还有一位13岁的女孩恋上了另一城市的大哥哥。父母见她整日对着手机丢魂失魄的样子就生气。后来,那女孩为了等待大哥哥的信息而没心思做作业,再后来就逃课,不去考试。父母"侦查"到了她的通信记录,翻看了她的日记,于是愤怒地断了网络,没收手机,挑出她日记中的语言来责骂她。在母亲与女儿的剧烈争执中,那女孩企图跳楼自杀。幸而及时阻拦,自杀未遂。那女孩告诉治疗师,父母反对早恋,她还能理解,毕竟她的恋情影响了学习。她无法承受的是父母偷看她的通话记录,翻阅她的日记,这种窃取隐私的不诚实行为实在令人无法忍受。

另有一位母亲偷看了她儿子的钱包,发现里面有好几百元钱。于是父母生气地让儿子老实交代哪里"偷"来的钱?其实这钱是儿子在假期里与同学一起去超市搬货挣来的。超市的员工和经理都夸他勤快,工作认真,希望他以后有空再去帮忙。他为自己能独立挣钱而自豪,还想着要买个礼物送给每天早出晚归辛勤工作的父母。但是,父母擅自翻钱包和恶意猜测的行为令儿子十分沮丧,那儿子说,他不愿与父母再沟通了,他的自尊心被毁了。

又比如,在治疗过程中,青少年有可能会坦诚说出自己是同性恋者,或者表明自己有了爱恋的同性对象,甚至发生过性关系。但他们不愿意告知家长,认为思想保守的家长不会认同他们。诚然,这些问题都与青少年的心理健康密切相关,但按照伦理原则,治疗师应该尊重来访者的意愿,同时帮助他们改善亲子关系,由孩子们自己向他们的父母谈论自己的性取向。

家长们如果想知道孩子们隐秘起来的事情,最好的方法是相互尊重,努力改善与孩子们的关系,从孩子们的诉说中来了解他们,而不是到处打听,偷偷摸摸地侦察有关他们的信息。从家长的角度来讲,他们认为自己是孩子的监护人,有权知道关于自己孩子的一切问题。但是,儿童和青少年也会认为自己是独立的个体,不需要什么事情都让父母来干涉。通常,治疗师会协助家长与子女沟通,建立相互信任的关系,坦诚地说出自己的困惑与想法,获取相互的理解与支持。家庭和睦是心理健康的基础。

遵循心理治疗保密及其局限性的原则

任何国家和地区的心理卫生主管部门都会做出有关心理咨询和心理治疗的伦理规定,提出对来访者隐私缄守秘密的条文。但是,保密原则也明确指出了它的局限性:即在来访者会伤害自己或伤害他人的时候;在未成年人受到各种虐待的时候;以及在法律所规定的其他状况下,为了来访者的身心健康和福祉,心理卫生工作者有责任向有关部门报告该来访者的危险情景,以保护他们的安全。

曾有一位中学生神情抑郁地问治疗师:"来访者所谈论的事情都保密吗?"

治疗师答道:"对,我们会保密。"

"你确定不会把我的事情告诉任何人吗?"中学生需要再次确定答案,因为她不愿意任何人知道她的痛苦,尤其不愿意让父母、学校里的同学和老师知道她的秘密。

治疗师真心想帮助这个学生,马上答道:"是,我们会保密。我保证。"

治疗师誓言旦旦,于是那学生坦言诉说了她的痛苦和她准备解决痛苦的方式。她说,她准备从自己居住的高楼一跃而下,将所有的烦恼与痛苦一并消除,还给自己真正的自由。

这时,治疗师该怎么办?怎样才能确保这学生的生命安全?治疗师不可能时时刻刻守护这个学生,能通知该学生的父母吗?保密原则需要遵守吗?治疗师的誓言可以破除吗?

这位治疗师的为难,是因为他没有清楚地认识和理解保密原则的含义和它的局限性。

经过专业培训的咨询师和治疗师都明白,他们在心理治疗工作中有责任保护来访者的隐私权,也都知道国家法律和专业伦理守则对保密的内容与范围有着明确的规定与约束。治疗师应尊重每一个人,尊重来访者的隐私权,若没有来访者的应允,治疗师不得泄露来访者的个人信息。

不过,隐私的保密不是绝对的,有其局限性。在中国,下列情况为保密原则的例外:

(1)心理师发现寻求专业服务者有伤害自身或他人的严重危险。

(2)不具备完全民事行为能力的未成年人受到性侵犯或虐待。

(3)法律规定需要披露的其他情况。

以上几条摘自中国心理学会颁发的《临床与咨询心理学工作伦理守则》,所提及的"寻求专业服务者"与我们所说的"来访者"或"病人"是一个意思。

为了避免在心理治疗过程中出现上述案例中所发生的伦理冲突，治疗师必须明白心理治疗的伦理规范和保密原则的三大操作细则。

第一，治疗前签署保密协议。

首次面谈时，在来访者谈论他们的个人困惑之前，治疗师需要与来访者共同签署《心理咨询和保密协议》，在协议中写明对于来访者的个人资料、信息和隐私的保密以及保密原则的局限。只有双方对保密原则和它的局限性都清晰明了之后，心理治疗工作方可起始。

在上述案例中，当来访者一再要求治疗师保守秘密时，治疗师需要重申在初次面谈时曾经签署的协议，说明在不违反伦理准则的情况下，治疗师会为她缄守秘密。

第二，危险度评估。

在心理治疗过程中，一旦发现来访者有伤害自身或他人的严重危险，或发现不具备完全民事行为能力的未成年人受到性侵犯或虐待，或存在法律规定需要披露的其他情况时，为了来访者的安全，心理卫生工作者将不得不解除保密。所谓解除保密，就是会通知有关人士一起来保护来访者的安全。

至于来访者究竟是否安全，并非依据来访者的简单陈述就可决定。如上面提及要跳楼的女学生，是否需要解除保密而请有关人士一起来保护她的生命安全呢？那必须进行自杀危险程度的评估。从评估中可以发现，如果时间急迫，来访者的自杀计划已确实，来访者已处于"高危险度"状态，那就不能对她的自杀计划保密了。不过，也有可能来访者明确表示她决定在一个月后的某个周年纪念日时才会采取行动，那么，她的生命没有即刻的危险，当下还没有必要请人时刻守护她的安全，治疗师还有一个月的时间来进行心理治疗。因此，当危险评估表明来访者的危险度为中等或中等以下时,那就继续对来访者的信息保密,不过需要与来访者签署不再伤害自己的"安全协议"。在"安全协议"中,希望来访者在下次与治疗师见面之前,不要伤害自己,若有紧急情况,可以向那些他自己确认的能给以他帮助的人或机构联系。

第三,只向第三方提供危险度信息而不涉及来访者的"故事"。

一旦危险度评估表明来访者处于高度危险状态,治疗师不得不请能够保护来访者安全的人员来守护她,比如,通知家长;送去医院帮助她情绪稳定下来;请人守护她。治疗师在请人保护她的安全时,会告诉协作者来访者有自杀倾向,而且处于"高度危险"状态,必须严密守护。至于来访者为什么会情绪崩溃,她究竟遭遇了什么样的痛苦,则不必泄露。人们经常会好奇,豆蔻年华的女孩为什么要自杀?想知道"故事"的奇特细节,但是,这些信息的泄露很可能引起不恰当的"关怀"或猎奇性的试探,会对来访者产生二次伤害,将导致更大的危险。

遵循儿童和青少年的发展性原则

与成年人不同,儿童和青少年都在发育、变化、成长,他们有着比成年人更为宽阔的发展余地,更为灵活的变化机制,更为光明的前景。他们不当的思维方式、负面的情感表达和不良的行为表现基本上都是过去式,都发生在以前的某个时刻。向前看,以积极的、发展性的观点来对待需要帮助的儿童和青少年,不纠结于既往,避免揪着老问题不放,不仅能增强儿童和青少年的自信,也能提高所有联动性

第五章 儿童和青少年心理治疗的原则

综合个案管理团队的成员们的信心。

在与家长交谈时,在个人和家庭联动心理治疗时,或在学校和社区的个案综合管理会议中,有时一不留神,会谈就会滑入对儿童和青少年的批判会、揭露会,因而主持人须小心谨慎,时刻防止那些有可能会伤害儿童和青少年的言论,及时导向积极的、支持性的、向前看的讨论。

比如,一位患有普遍性发育障碍型自闭症的中学生,具有非典型的、不适当的社交行为,他的运动、感觉、视觉空间组织、认知、社交、学业和行为等方面出现不均匀的发展,因语言理解能力欠佳而表现出明显的沟通困难。在关于这个学生的个案管理会议上,家长、学校老师、青年工作者和辅导教师你一言我一语地说出了该学生的众多问题,他曾因暴力行为而打伤了人,被送进青少年教管所居住一段时间;他偷东西,损坏公物,殴打父母;等等。大家把自己与该学生沟通中的挫折与烦恼都宣泄出来,几乎将会议变成了投诉会,人们消极地认为这位患自闭症谱系障碍的学生不可救药,让参与会议的家长情绪崩溃。

本着"向前看"的治疗原则,治疗师和社工在治疗和开会时,改变了以前的逆向言论,努力把大家的注意力集中于这位学生的长处,尽力挖掘他的优势。比如,在会议中人们谈论起了该学生自幼喜欢摆弄机械零件,进入中学后对各种锁发生了极大的兴趣,声称自己能打开所有的锁。为了显示自己的才能,他潜入车库去撬开别人车门的锁,去社区中心打开储藏室的锁,去卖锁的商店偷锁,他能打开学校里锁着的门,擅自进入不得进入的房间,因而引起人们的愤怒。不过,当人们以发展的眼光来看待这位学生时,不难发现他的开锁技能日益长进，他喜欢挑战困难的事情，不屈不挠，从不轻易放弃。心理治疗联动团队的成员们一致同意要将他的特长往正确的方向引导，有人提议让他帮他妈妈修理手机。结果他一试就成功，令他妈妈非常高兴，给予积极鼓励。后来他又帮助同学修手机，同学们顿时对他刮目相看。在家长的认可、老师的表扬和同学的赞扬声中，他自信大增。这个一直令人讨厌、被责骂、被鄙视男孩害羞地说："为什么现在这么多人表扬我呀！"治疗师、社工和老师也积极指引他学习一些理工科的知识，利用自己的一技之长成为一个对社会有用的人，而不是社会的包袱。

曾经有人指责联动性心理治疗为这些残障的儿童和青少年花费了太多的社会资源，似乎太浪费了，不值得。但是，几年后，人们再回首审视这些有着各种心理障碍的儿童和青少年，在人生发展和发育的关键时期获得了全面的帮助，他们成长了，有的甚至学业有成，基本上恢复了身心健康。还有一些年轻人已经能够自主和独立生活，不再需要社会的全面救助。虽然少数人仍然与心理障碍共存，但他们也学习了各种技能，病情不再恶化。实践证明，在儿童和青少年身上的所有努力，不仅增进了他们的心理健康，帮助他们回归到正常发展的道路，也为家庭和社会的未来减少了更大的负担。

向前看的发展性原则，应成为儿童和青少年心理治疗的重要指导思想。

第六章

儿童和青少年心理治疗的核心技术

活泼好动是儿童的天性,探究好奇是青少年的特点,儿童和青少年的心理治疗不可能像成人心理治疗那样,两个人坐在一个房间里安安静静地谈话。儿童和青少年的心理治疗并不是让他们来到小房间里坐着听课,接受教诲。这些心理有些问题的儿童和青少年,因为思维、情感和行为上的偏差经常受到批评、责难或惩罚,心理治疗要给他们创造一个宽松自如的愉悦环境,让他们能体验到自己被接纳、被认可,然后才能扬长避短,增进心理健康。

如何开展儿童和青少年的心理治疗?什么是儿童和青少年心理治疗的核心技术?

实践证明,艺术创作、游戏活动和多媒体为中介的心理治疗方式是最常见、最有效的方法与技术。在条件许可的情况下,体育心理治疗、动物心理治疗和植物心理治疗的方式也获得了相当好的疗效。

因年龄的差异,儿童与青少年的心理治疗有着各种不同的方式。儿童能用玩具和艺术形式来说出他们难以用语言表达的想法和情感,显示他们喜欢做而通常没有条件做的事情。儿童心理治疗就是儿童与训练有素的治疗师之间的互动关系。在治疗过程中,治疗师选择并提供某些物品和设备去发展与儿童之间的安全关系,让儿童通过游戏和艺术去探究他们自己的感受、想法、经验和行为,让儿童在自然的中介环境中充分表达自己,在与治疗师进行通畅的交流过程中,在良好的互动环境中成长和发展。

儿童的艺术创作和游戏是儿童时代的自然活动,在任何时间、任何地点都可以发生。治疗师与儿童们一起进行的艺术创作和游戏不仅仅是一种简单的休闲活动,而且还富有涵义,对心理活动具有重大的影响。

青少年,尤其是青年,随着年龄的增长和阅历的增加,他们的认知能力和行为操控能力增强,因而,青年们的心理治疗可以逐步过渡到成年人的治疗模式。

艺术治疗

艺术心理治疗的宗旨是:创作过程所产生的艺术就是疗愈,就是促进生活的提高(Cathy A. Malchiodi)。

艺术治疗是艺术与心理治疗的结合,是艺术作品的创造过程。在这个过程中,人们的自我获得发展,行为得以矫正。那些作品的艺术价值并非心理治疗所追寻的目的,心理治疗所侧重的是人们在艺术作品中的人格显现,是他们心理状态的表达,以期收到艺术的治疗效果。

艺术心理治疗是"指有经验的艺术心理治疗师运用艺术创作来

协助那些经历了疾病、创伤事件、生活困境与冲突的人们,增进他们对自我和他人的认识,增强其应付症状和压力的能力,以促进生活的愉悦和身体的健康"(美国艺术治疗协会)。

大量的研究表明,人的大脑分为两半,右脑主管直觉,是创造力的中心;而左脑被认为是从事逻辑思维和语言的运用。一些艺术疗法的脑功能研究显示,艺术创作主要是利用右脑功能,同时观察到大脑的左半球(语言所在的位置)也参与了艺术创作(Gardner,1984)。艺术疗法的重要性充分体现在艺术创作的过程中,来访者在进行艺术创作时,他们将重新设计和评价自己对客观事件的感受、反应和体验,并发生情绪和行为的改变(Frith Law,1995)。

广义的艺术心理治疗关注情绪的表达,无论是运用声响、语音、图形、文字、躯体动作或戏剧,无论是视觉的或听觉的,来访者通过创造外显的艺术形式来表达内在的感受,表达害怕、恐惧、焦虑、抑郁、快乐、愉悦、兴奋等各种情绪,表达自己的灵魂与精神。艺术治疗时创作的作品并无好坏之分,也不必在乎它们"漂亮"与否,无需担心画出什么难看的作品,或表演什么不受欢迎的戏剧。这些艺术作品是个人内心世界与外部世界的连接,是来访者心理状态的呈现。艺术创作是情绪的表达与释放,以清醒头脑,提升自己进入更高的意识状态。这是一种将艺术运用于自我修复和心理疗愈的过程。艺术治疗时的创作源自内心深处的情感表达,它与学校课堂上学画画是不一样的,图画课画的东西通常是对外部世界的描述,而艺术治疗侧重于内心情感的表达。

视觉艺术是儿童和青少年艺术心理治疗中最常用的方法。从广义上说,雕塑、绘画、摄影等多种创作门类都属于视觉艺术的范畴。

它们简单易行,创作方式多样,深受儿童和青少年的欢迎,心理治疗效果良好。

当儿童踏进治疗室后,治疗师通常会问他:"你今天过得怎样?""你今天感觉如何?"儿童们会简单回答"OK!"或是"还好"。不过,当他们拿起画笔随手在白纸上画上几笔(见图6-1),治疗师马上就发现他们并不"OK",他们内心纠结着。治疗师与那孩子进一步沟通发现,他被欺负了,由于他的语言表达不清,老师不理解他,他深感委屈。对着治疗师,他结结巴巴说着。

图6-1 "今天的我"

"我的苹果树"是一种非常实用的儿童绘画术。治疗师要求儿童画一棵属于他自己的苹果树,在树上结着红苹果,一个苹果就代表他喜欢的一个人,这个人可以是他的家人或朋友,然后在那个苹果上写上那个人的简称。而他不喜欢的人可以画成青苹果或棕色苹果,让这个苹果从树上掉下来。

图6-2所示为一个小男孩画的苹果树。他的苹果树上画了好些苹果,有他妈妈、姐姐和朋友。他是一个单亲家庭的孩子,他根本不知道他的父亲在哪里,所以他在树外画了一个很大的苹果,像云一样飞在天上。他很想他爸爸,认为爸爸是一个力气大大的人。树旁边有一个小苹果掉到地上,那是老欺负他的邻家男孩。树的左侧有一个掉在地上的大苹果,那是一位被他称为"叔叔"的人,那个人不喜欢他,他也不喜欢那叔叔,因为那叔叔每次到他家后就把好吃的都吃了。后来治疗师知道,那位"叔叔"就是他妈妈的男朋友。

图6-2 "我的苹果树"

一张简单的画就能把儿童的社交和人际关系清晰地显示出来，远胜于儿童的言语表达。尤其是年幼的儿童或言语有所障碍的孩子们，他们通常能够以绘画或涂鸦的方式来表现自己的情感。

艾玛原本就是一个沉默寡言的女孩，自从她妈妈去世后，她不再说话，有时会以摇头或点头回答问题，有时竟然对外界事件毫无反应。

在治疗室里，艾玛从摆弄玩具和娃娃开始，渐渐地能够回答治疗师提出的那些开放式问题。后来她几笔就画出一张图（见图6-3），然后脸朝向治疗师，并不言语。治疗师问："你画的是什么呀？"艾玛怯生生地答道："我不要住那个地方，我要住一个可以飞到天上去的房子。"她还告诉治疗师，那右边房子上面的是云朵。

图6-3 艾玛的画

她不想住在画中左侧的那个房子里,因为她妈妈就是在那儿去世的。她想飞去天堂见妈妈。艾玛用一张画显示了压抑在她心中的情结,而这情结她难以用语言表达,于是表现出缄默。

画后,治疗师让她闭着眼睛,想象自己要飞啦,然后治疗师拉着小艾玛的双手一起往上跳。小艾玛很轻巧,一下跳得好高。"再一起飞,好吗?""好!""一、二、三,飞!"艾玛咯咯地笑了起来。久违的笑声又回到小艾玛的脸上。

视觉艺术的最大优点是无须像语言那样遵循一定的表达规范,也不需要注意遣词造句。当儿童缺乏丰富的词汇来陈述自己的感受时,他们通常能自如地运用艺术形式来与他人沟通。

图6-4 乔治的画

乔治是个患有妥氏综合征和轻度学习障碍的男孩。家长一直很关爱这个孩子,他们带乔治去学弹钢琴,学打鼓,还特地请家教来辅导学习。学校老师也很关注乔治,尽量减轻他的学习压力,希望在轻松的环境下可以缓解他的抽动状态。在乔治画这张画(见图6-4)之前,家长和老师们都认为自己已经为乔治提供了良好的学习和生活环境。

但是乔治并不开心。

乔治的爸爸妈妈觉得周围民众对乔治的歧视是引起乔治沮丧的主要原因。每当他们接送乔治上学时,因为乔治发出的怪声,经常引起街上大人小孩抛向乔治的歧视眼光。作为父母,他们为此有着"驱不掉的揪心之痛"。学校老师认为校方一直在尽力帮助乔治,教育同学不要取笑乔治喉部怪声与脸部抽动引起的怪相。

治疗师在与乔治的沟通中发现,乔治内心越紧张,他的抽动越厉害。但是,乔治对自己喉部怪声和脸部的抽动基本上意识不到,几乎是无意识的肌肉运动,因而他没有特别留意周围人怎样看待他,他更多地想着那些令他紧张的事儿。

在心理治疗过程中,乔治画了这张图(见图6-4)。他指着图说:"我自己可以骑车的,可爸妈不让我一个人骑。我想干什么,他们都会阻挠,就像一根大棍子挡在前面。老师也是那样,好多事情不让我做。""还有,"乔治对着治疗师说,"你拿这张图给他们看,让他们不要一直管着我。"

他不开心的主要原因是爸妈和老师都对他另眼相看,全然不是老师和家长所担忧的人们对他的歧视和嘲笑。他说,在家里不能像弟妹那样自由自在,爸妈一会要他补习什么,一会又要带他去看医生;在学校里,老师也让他参加各种为残障同学组织的活动。"我又不是残疾人,为什么要去那种学习班?"乔治曾无数次与父母说过他的想法,但他父母没有在意,他也向老师诉说过,但老师没有理解。

乔治的父母和老师看了这张画后,顿时感慨万分。尽管那些原因乔治对他们说了好多次,但是这幅画的力量远胜于言语的表达。

治疗师并不释画,儿童和青少年的画都由他们自己解说。心理治疗时的绘画,并非在创作一幅精美的图画,而只是表露内心的想法。

治疗室里有个小小的木制舞台(见图6-5),这个简单的道具居

图 6-5　小小舞台

然令许多儿童兴奋不已,尤其是女孩子。

曾有小女孩在这个舞台上一次次地表演小公主的故事,故事中夹杂着灰姑娘、白雪公主之类的情节,主题总是围绕着平凡的孩子原来是被抛弃的小公主,后来国王找到她,最终成了一位令众人羡慕的富丽堂皇的大宫殿里的公主。治疗师从她自编自导的故事情节中发现这不只是一般的娱乐,这小女孩似乎有着某种强烈的欲望。在与她母亲的交谈中,果然发现了这个家庭里深藏着的秘密,原来这女孩的祖父是非洲某部落的酋长。尽管这位单身母亲根本不愿谈及前男友的家庭情况,但孩子却将自己所获得的零星信息拼凑成了舞台上的剧情。

在家长的配合下,这小女孩逐渐中幻想中走了出来。她的母亲感慨地说道:"小小舞台效果那么大,能让孩子们坦然地表达自己内心深处的情结。"

儿童和青少年们在进行艺术活动时,他们可以随心表达与释放他们自己想表达和想释放的东西。他们通过各种符号、隐喻信息以及有趣且引人注目的作品来显示自己的情感。正如艺术心理治疗师彼得·伦敦(Peter London)在《没有更多的二手艺术》(*No More Secondhand Art*, 1989)一书中所言:"艺术是内心自我的外在地图。"

曾有家长责疑,你们一直与孩子们画画,做游戏,玩这玩那,怎么帮孩子解决心理问题？但是，等到他孩子的心理治疗的疗程结束时，家长的态度完全变了。他感触地总结道："孩子有孩子的心理特点，只有按照孩子们的特点去帮助他们才能见效。否则话说了一大箩，孩子要么听不明白，要么听不进去，一只耳朵进，一只耳朵出，光靠言语教育是不行的。"

原来这位孩子有学习障碍和情绪问题，怎么教怎么补习都进步甚微，家长非常沮丧。不过，这孩子特别喜欢摆弄各种小玩意儿。在治疗过程中，她一下子迷上了彩泥的雕塑，在捏彩泥时，有着一般儿童少有的全神贯注。她的艺术作品获得了家长和周围人们的普遍赞扬。

心理治疗中的一大原则是"扬长避短"，当然"扬长"必须是实在的，客观的。当人们对这女孩夸奖她的彩泥作品时，她体验到了人们真心的赏识和赞美，而不是表面的嚷嚷。这些肯定与夸奖或许是她在学习生涯中从来没有遇到过的，因为她的学习成绩一直欠佳。家长发现，每当她的彩泥作品获得表扬和夸奖，虽然她口头上没有回应什么，但她的行为明显改善，会自觉去做功课，认真完成作业，不懂的时候还会主动询问。后来，她父母特地为她买了一套雕塑工具，她的雕塑水平大涨，常常雕捏出各种不错的艺术作品（见图 6-6）。

好多儿童爱唱爱跳，一些伯

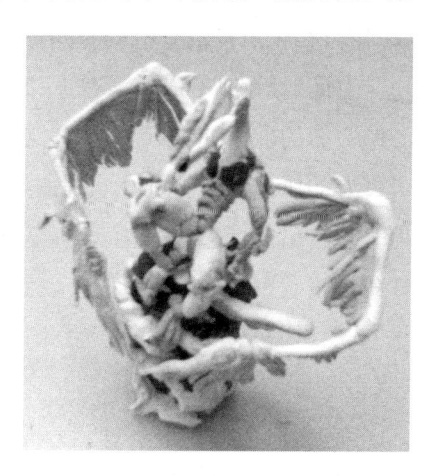

图 6-6 彩泥作品

乐能在心理残障的儿童中发现音乐和艺术的天才,但是多数儿童并没有那种出类拔萃的才华。有的儿童五音不全,有的儿童体态笨拙,但若给予他们自由发挥的机会,他们同样能在歌唱和跳动中获得无限的欢乐。

自从小胖妞去过心理治疗中心,就一直期盼着能再去。刚开始时,家长不明白为什么她那么喜欢参加心理治疗。后来,小胖妞要求妈妈帮她录好她喜欢的音乐,因为她要跳舞给治疗师看。小胖妞的母亲最了解自己的女儿了,这孩子几乎还不会行走时,就喜欢随着音乐扭动;当她还不会说话时,就会听着歌曲伊哩呀啦地哼哼。但她上学之后,她不适时宜的跳动遭到同学的阻止,她不入耳的歌声被人们嘲笑。她母亲说,人们总以为智力低下的孩子不会理解人们的冷嘲热讽,但事实恰恰相反,这些孩子虽然不能完全理解人们言语的深层涵义,但他们完全明白人们的非言语性语言的意思,知道谁喜欢她,谁不喜欢她。小胖妞知道同学们不喜欢她,所以在学校里,她不再唱歌跳舞,在家里自由哼唱的时间也越来越少。

然而,她进了心理治疗室后发现,治疗师能欣赏她的歌舞,能耐心倾听她的歌声,能挪开桌椅让她自由扭动,她很快就与治疗师建立了良好的医患关系。她在欢快的歌唱和舞动的过程中学习如何恰当地表达自己的情感和行为,学习怎样克服困难去做那些对她有挑战性的事情。跳舞时,她不停地弯腰抬脚,然后自言自语道:"太累了!太累了!要坚持!要坚持!"后来回家做作业时,她也会对她妈妈说:"我会坚持,不怕累。"

有时,所谓的艺术心理治疗是如此地简单,甚至称不上艺术,只是简单的玩耍,但是就在这简单之中蕴含着符合儿童心理特点的运

第六章 儿童和青少年心理治疗的核心技术

作,有着人们意想不到的效果。

一些精神疾病患者的不凡艺术天份已被世人认可,著名画家梵高就是最典型的例子。在青少年的心理治疗过程中,人们不难发现这些不同寻常的年轻人一旦进入自由艺术创作的天地,他们所显露的才华常常令人赞叹不已,惊讶万分。这些富有艺术才华的青少年,有的患自闭症,有的患精神分裂症,有的情绪抑郁,有的精神躁狂,有的甚至智力发育迟滞。这些疾病虽然阻碍了他们某些心理功能的正常发挥,但他们的心智也常常会开辟另一途径,让他们在绘画、雕塑和动画制作、游戏设计等方面施展才干。

一位多次自残、自杀未遂的抑郁女孩,不善言语,但她会在各种废纸上涂鸦。生活拮据的单身母亲常唠叨:"别画了,画画不能当饭吃!"但是,治疗师发现了她对画画的酷爱,积极鼓励她以绘画来宣泄情感。这位女生不仅善于绘画,还会用废弃的报纸和广告纸折叠成时装表演时模特儿穿的别具特色的时装裙,获得时装专业人士的赏识。她用铁丝编制成奇特的艺术品,令艺术院校的教授惊讶,她的母亲也为她的才华而深深地感动。后来,她的艺术作品频频在社区得奖,再后来她作品在国际上获奖,她的长处得到发扬。中学毕业后,她考进了著名的艺术院校,作为交换生,她还被送去欧洲留学。她曾给治疗师留言:"艺术心理治疗的魅力就如艺术作品一样,无法用语言表达,那一切都融入在艺术的作品之中。"

艺术治疗在儿童的家庭治疗过程中被广泛运用,其效用也获得专业人员的认可。当儿童经历了一些痛苦事件,或承受了压力而感到困惑、内心冲突或混淆时,他们往往很难以口头的言语或文字来表达自己的情绪。艺术活动为儿童提供了一个机会去自由表达自己的情感和想法,从而有助于成人们了解他们内心混沌的情景,以富有创意的方法协助他们走出困境。如果没有艺术心理治疗,没有儿童的自由创作,我们怎能指望孩子们能清楚地表达他们内心的感受呢?每个人都具有艺术创作的功能,有创造性的自我,有视觉表达的自然语言,有表达自我的驱动力。孩子们也一样,尤其是其言语性情感表达有限时,他们艺术作品的涵义则更为丰富。

当儿童和家长一起参加治疗时,治疗师常要求他们一起画一张"我的家"的图画。在家长与儿童一起绘画时,亲子间的互动状况明显地表现出来。或许在绘画刚开始的那几分钟,家长会拘谨,比较约束自己的言行。但是,随着儿童我行我素,毫无约束地画着他们想画的内容时,家长往往会控制不住自己的"管教责任",不时地压制或操控孩子的行为。尽管在绘画开始前,治疗师已经明确表示绘画没有好坏对错之分,但家长时常会脱口而出:"不要用绿色画脸,不好看""这头也画得太大了,怎么手会这样呢?你画错了!"有的家长一开始就在纸的中间划一道线,指挥着孩子画一半,自己画另一半。有时孩子会要求爸爸妈妈与他一起画,不要分开,但家长却执意要分开单独画。

画完后,治疗师会请儿童和家长分别谈谈他们所画的自己的家。比如,在一张画里,孩子涂画着几个简单的人形,诉说着画里的爸爸妈妈忙自己的事,他孤单单地一个人在玩;也有孩子画爸妈在吵架,她害怕地蜷缩在沙发上。但是,家长们通常都画着一家人都咧着嘴开开心心的脸,说着一家人外出游玩的开心事。

亲子绘画或一起做手工都是简单的操作过程,但它的效用远甚于言语的表达。家长们在 30 分钟左右的艺术创作过程和创作后的艺术作品解释中,会发现平时所忽视的孩子的焦虑不安,会认识到家长言行对孩子的重大影响,也会觉察到孩子的敏感与无助,但更多的是家长们会为自己孩子的聪慧而惊讶不已。

游戏治疗

美国心理学家加里·兰德雷斯(Garry L. Landreth)精辟地指出:"玩具是儿童的词汇,游戏是儿童的语言。儿童能用玩具来说他们不能说的话,做他们不愿做的事,表达他们难以用语言表达出来的情感(*Play Therapy: The Art of the Relationship*,Landreth,2002)。

同样,以儿童为中心的哲学观点也认为:游戏是儿童心身健康发展的基本要素。游戏是儿童自我表达的语言象征。

在日常生活中,人们知道游戏是儿童时代的自然活动,在任何时间、任何地点都可以发生。

儿童心理治疗师们认识到,自由的游戏玩乐与随性的艺术创作一样,都是儿童自然的内心表达过程。人们唯有在与儿童的自然对话中,才能了解儿童的想法与情感,协助儿童克服他们所遇到的各种困难。在自然的环境下,儿童的行为矫正就比较容易,也能更好地抚育他们健康成长。

人性有表达自我的内在驱动力,儿童也是如此。不同儿童喜爱不同的艺术与游戏,不同的游戏和艺术方式可以用来帮助儿童矫正心埋障碍。

沙盘（见图6-7）或许是治疗室里最常见的道具，或曰最著名的游戏治疗用品了。

沙盘游戏是一种非语言形式的心理疗法，沙盘疗法（Sandplay）是多拉·卡尔夫（Dora Kalff）于20世纪50年代提出的一种以荣格分析理论为依据的心理治疗方法。卡尔夫认为：个体的无意识包含了先前集体经验所传递的能量，以及被遗忘和被压抑的个人经历。作为一个真实的统一体，个人必须有能力不断协调个人内在需求和外部世界的需求。唯有这样，他才不会成为无意识的无情的受害者（Kalff，1991）。

图6-7 沙盘

治疗师会尽可能保持一种守护性和陪伴性的观察和记录，并努力让来访者自己和沙盘交流。在干燥或潮湿的沙盘里，来访者可以自由地摆弄各种小玩意，诸如数字、各种类型的人物、动物、植物、建筑物、车辆、兵器、装饰品等，外部世界和内在想象中可能出现的事物都可以制成沙盘玩具。沙盘治疗实际上就是一个人在沙子里工作，在这个过程中，来访者成功地制作了一个显现内在意识的图形，并将其与外部世界建立联系，重新调整自己的心理状态。对自我创作的沙盘图景所进行的人格原型的探索与评价，将反映出来访者内心困惑的原型根源。

但是，经过系统分析心理治疗和沙盘治疗训练的治疗师为数甚少,那些资质欠缺的沙盘治疗师所做的沙盘分析治疗既背离了心理治疗的伦理,也会对来访者造成心理伤害。更重要的是,儿童心理治疗所采用的沙盘游戏治疗与成人的沙盘分析治疗不同,它并不涉及对儿童无意识人格原型的解释与分析,也不擅自对儿童摆设的沙盘图形进行解释。儿童玩弄沙盘和玩具是其自由随意的情绪抒发,是他们自己对自己作品的解读。

有治疗师认为,患有心理障碍的儿童受到较多的外部世界的伤害与压制,因而在进行儿童心理治疗时应归还其自由,任其随心所欲。结果,一场沙盘游戏后,治疗室内满地沙粒,到处是玩具。结果是,一方面工作人员必须花费很多的时间收拾整理;另一方面儿童将无拘无束的玩耍行为沿用到家庭或学校,常引起更多的指责与批评。儿童的外部世界并不允许他们随心所欲,家庭、学校、社区都有规矩要遵循。

因此,在开展儿童沙盘游戏治疗时,治疗师通常应事先告诉儿童,沙盘里的沙子是干净的无尘细沙,需要珍惜。沙子散在地上就脏了,不能再用,所以沙子只能在沙盘里随意玩耍,要小心不要把沙子撒出沙盘,否则沙子越玩越少,以后就不能玩了。儿童毕竟是儿童,兴奋起来常常会不小心把沙子撒出沙盘。治疗师在游戏前会清晰地告诉儿童,如果沙子不小心撒到外面了,那么现在就不再玩沙盘了,他可以选任何其他喜欢的游戏来玩。当然,下一次会面时,仍允许他玩沙盘。这是游戏室的规矩和教育儿童学习遵守规矩。另外,每次游戏结束时,要把玩具收拾好,沙盘里的玩具同样如此,结束时要把玩具放回原处。

游戏治疗不仅让儿童情绪获得释放,同时也习得了遵守规矩的良好习惯。当他们在家里或学校里遇到有人没有遵守规矩时,会自发地告诉大家要守规矩,常常能获得家长和老师的称赞。

儿童心理治疗的要点是增强他们的自信。患有心理障碍的儿童们因思维、行为和情感的不协调,与一般儿童的行为表现不一致,常引起人们的不满、指责、批评或谩骂,甚至虐待。他们受到的肯定和表扬远少于一般的孩子,导致自信心低下。游戏治疗的最大优势是能客观地肯定儿童在游戏中显示的优势与长处,增强他们的自信。

一般来讲,男孩子比女孩子更喜欢玩沙盘,尤其是喜欢在沙盘里玩打仗的游戏。有的儿童用古代的人物配上古代的兵器来开战;有的儿童用现代的士兵和现代的枪炮来进行战争。特别有意思的是,孩子们在沙盘里开战时,常常会自言自语,情绪随着战争的升级而高涨,也会为士兵的战死而惋惜。即便是那些心智发育不全的孩子,在玩打仗游戏时也会采用谋略。比如,有位儿童先让一大批士兵一起冲锋陷阵,结果一个个全都倒下,死了,马也倒下,死了;然后,他把第二批士兵一个个慢慢移动,声东击西,最后把对方的司令部打垮了。他高呼道:"我赢啦!我赢啦!"治疗师看着他的喜悦,由衷地夸奖他指挥作战有方,有谋略,有领导能力,聪明就体现在具体的行动计划之中。游戏完后,他得意扬扬地走出治疗室。看着他满脸的欢喜,在接待室等候他的家长也立即被感染了:"啥事这么高兴呀?""我打胜仗了!我有领导能力!"

一次沙盘游戏就将儿童的自信提高了一个等级。

游戏治疗的最大优势是能客观地肯定儿童在游戏中显示的优势与长处。

也有儿童在沙盘里不停地摆弄着人物玩格斗,嘴里嘟哝着:"你再欺负人,看我怎么收拾你!"治疗师静静地看着他在沙盘里游戏,宣泄愤怒的情感。在现实生活中,这是一个经常受到欺凌的孩子。认知的、躯体的弱势令他不敢反抗,但他内心的仇恨一直存在。于是,治疗师让他与他的父母一起观看有关应对校园欺凌的教育性录像,学习如何对付欺凌。之后,当这孩子再次在沙盘里摆弄小孩子被欺凌的主题活动时,他自然而然地运用起学到的伙伴们团结起来对付欺凌的方法,终于击败了欺凌者。

与儿童们一起玩游戏,很容易快速地与他们建立良好的医患关系或咨访关系,治疗师的同理性和耐心陪伴让儿童们感到亲切和温暖,能体验到治疗师站在他们的角度来看待他们的爱好,一下子拉近了彼此的距离。游戏成了心理治疗的工具,儿童和青少年经常玩的普通的纸盘游戏也可以在治疗室里使用。比如,具有学习障碍的儿童因为学习落后受到了太多的指责与批评,进入学习环境时常会出现焦虑、厌烦和退缩的现象,而这种负面情感难以用成人的说教语言来消除。于是,游戏治疗便成了简单易行、行之有效的方法。玩扑克牌、跳棋、积木和象棋等游戏很容易增添学生思考的能力;玩"猜猜是谁"的游戏能培养学生的逻辑思维能力;玩积木堆高游戏(见图6-8)能培养儿童的眼手协调能力。有时在每块积木上写上开放性问题,在堆放时让大家轮

图6-8 积木堆高游戏

流回答这些问题,就能更多地了解到学生们的喜怒哀乐,一举两得。

通过与儿童一起下国际象棋、中国象棋、围棋或类似的智力游戏,常能改善患有注意缺陷/多动障碍(ADHD)儿童的注意不集中和冲动性行为。ADHD儿童的最大问题是注意不集中、多动和冲动性行为,若不伴有其他障碍,他们的智力通常没有问题。玩这类智力游戏时最需要的就是集中注意,不能冲动,能够坐得住。许多ADHD儿童很喜欢玩这类智力游戏,但是,他们的冲动行为常导致判断失误,一旦发现对方赢后就吵着要悔棋。治疗师就利用他们当时悔棋的实际情况分析了他们的冲动行为,肯定了他们的判断能力,协助他们练习控制冲动行为。另外,多动孩子往往坐不住,治疗师就记录每次下棋能维持的时间,十分钟,二十分钟,然后到一次面谈结束都没有下完。治疗师把下棋时间长度的增加反馈给儿童,让他们认识到自己有能力安静地关注事物。尤为重要的是,每当儿童们下了一步好棋,治疗师让他自己分析为什么这么走。于是那儿童就一本正经地抛出了自己的思路和逻辑判断。他们详细地说明了这一步棋可以将对方诱入困境,然后再围剿,直至胜利。当他们说出这些策略时,治疗师应及时给予赞扬,充分肯定他们的分析能力与推理能力。这些一直被指责为注意不集中、学习较差的孩子,居然在客观事实(下棋游戏)面前证明了自己具有较高的认知能力。他们那份喜悦,那份由兴奋而促发的自信油然而生。一场游戏完后,有儿童迫不及待地扑进等候在外的母亲怀里,大声嚷道:"妈妈,我赢了!我有谋略!"(Mom, I won! I have a strategy!)孩子的喜悦感染了周围的每个人,大家都跟着他一起高兴地笑了起来。

治疗室里的大型娃娃屋和微型小屋都是儿童们喜爱的玩具。

大型娃娃屋(见图6-9)通常为幼小儿童所爱,他们钻进小屋,自成一统,在屋里忙着烧煮各种爱吃的佳肴,也会烘烤各种西式糕点,或者拿着屋里的假电话说个不停。

图6-9 大型娃娃屋

有位患有心理障碍的孩子很喜欢把自己关闭在小屋里,玩弄各种毛茸茸的玩具动物。平时不爱说话的他,在这个封闭的小屋里对着一群动物玩具有声有色地讲着各种故事。他会教小熊不要理睬小象,因为小象总是欺负人。他警告小熊:"你再跟小象玩,我就不理你了。"

一旦患有心理障碍的孩子喜欢治疗室后,他们与治疗师的关系也会日趋和谐。治疗师会在窗外与他一起讨论如何教育小熊对付校园欺凌,一起帮助小狗狗复习功课准备考试。这些貌似是来访者对玩具动物的教训指导,实际上常常是他对自己行为的管理。

扬长避短是心理治疗的原则,若仔细观察儿童游戏时的行为表现,就能发现他们的某些长处。有时,很简单的活动就能增加孩子的自信。

对儿童而言,语言是乏力的,艺术和游戏的魅力则无法度量。曾有一位女孩突然表现出"选择性缄默症",虽然她平时也是沉默寡言,但她能沟通,会发言,大家不知什么原因她突然不再开口。老师和同学都觉得非常奇怪。家长的反映是这孩子原本就内向,在家里还是会讲话的,只是很少罢了。

在治疗室里,女孩特别喜欢小小娃娃屋(见图6-10),每次来都很认真地在屋内摆放各种家具和用品。有时也会把小人物放进屋里睡觉吃饭。她静静地玩着,饶有趣味,但一言不发。

有一天,她把一男一女两个小玩具人放进客厅,扭头看着治疗师,慢慢地、没有特别表情地吐出一句话:"爸爸叫我不要在外面讲话。"

图6-10 小小娃娃屋

很多专业人士问过她,为什么不说话了?可她一直没有回答。但在玩游戏时,治疗师并没有询问,她自己开口了。她告诉治疗师,长期在外工作的爸爸回家后与妈妈吵起来了,她被妈妈的惨叫声所惊吓,走近一看,她爸爸正在殴打妈妈。于是她立马报警。警察很快赶到,她叫妈妈快出来,警察叔叔来救你了。殊不知,她妈妈快速抹上口红,梳理好头发,拉整衣服,笑嘻嘻地开门请警察进家。他爸爸也把衣服整理好了,客客气气地站在一旁。父母异口同声地矢口否认打架争吵之事,还不停地责备小孩子乱玩电话。警察走后,女孩的爸爸拉着她的头发,瞪着眼睛,恶狠狠地对她说:"闭上你的臭嘴,永远不要多说话!"父亲的口水溅了她一脸。从那一刻起,这女孩就不说话了,保持缄默。

治疗师知道了这孩子缄默的缘由,治疗就比较容易了。

多媒体治疗

在电子技术、电子设备和网络通信日益发达的今日,无论是儿童还是青少年,他们对这些高科技多媒体的热衷与日俱增,因而多媒体在儿童和青少年心理治疗中的运用也越来越广。

影视作品是心理治疗中最常用的治疗工具。心理教育的影视作品涉及很多内容,而且一直不断地更新增添新作品。常见的影视材料包括如何控制怒气,如何应对校园欺凌、网络欺凌,性教育,青少年精神疾病的常识与预防,危机干预和自杀预防等多种内容。这些影视作品既有动画形式的,也有真人表演的。这些由言语、图像、声音和艺术表演糅合在一起的多媒体教育形式远胜于治疗师一个人絮叨的言语交谈。这些教育片中常掺入一些心理教育的重点评说,有时还附有问答题由观看者回答讨论,以澄清疑问和加深观看者对教育片的认识。

在心理治疗过程中,治疗师会针对来访者的情况选择播放一些相对应的录像资料,与来访者一起观看。必要时,可以邀请家长一起观看,看后大家一起议论,各自表达自己的感受与想法,效果甚佳。

比如,有些来访者因怒气控制问题在生活中引致了不良后果,幼小的孩子发怒后大哭大闹,有的孩子以损坏物品来出气。大一点的青少年发怒后常会出现暴力行为,有的人生气后把电脑一扔,电脑被砸烂;有的人发火后一拳把同学打伤;也有的人怒气爆发,自己一头撞到墙上,鲜血直流。

心理健康教育机构制作了不同年龄阶段的孩子如何应对怒气的影视作品:幼儿园和小学低年级的儿童可以在家长与老师的指导下,以玩耍的方式将怒气转为快乐的游戏;青少年学生可以学习怎样与他们所信任的成年人谈论自己的情绪问题;青年们将通过影视作品中的案例来学习将怒气控制在萌芽状态,在丧失理性之前控制住自己的行为,以免悲剧的发生。

有时治疗师也会在公开放映的影视作品中挑选富有教育意义、且又针对来访者具体情况的电影来播放。比如,一些在国际上获奖的有关心理残障者如何自强不屈、努力奋斗的电影常给青少年们带来乐趣与启迪。事实上,许多心理障碍患者很少有机会观看经典名作,有些内容他们也许看不太明白。治疗师与他们一段一段地观看,讨论,回答他们的疑问,他们在富有趣味的欣赏电影的过程中发现了自己应该努力的方向。

在一些有条件的中学和社区活动中心还开设了学生自己制作影视和动漫的课程,在老师和心理卫生工作者的指导下,由学生们自己动手拍摄一些有关心理教育的影视作品,有效地促进了儿童和青少年的心理成长。

曾有一位患有严重进食障碍的女学生,长期挣扎在疾病的泥潭之中,她的家人因她几近崩溃。她无法正常学习生活,不知路在何方。后来,她参与了一个关于进食障碍者的故事片的拍摄,担任了片中的女主角。当电影在电影节上获奖的时候,她的症状也明显改善。她非常感慨地告诉治疗师,拍摄这个电影的过程实际上是她的疗愈过程,影片中女主角从进食障碍中走出来时,她自己也从厌食症中康复。她重返学校,毕业后努力工作,还在社区积极开展心理健康教育,希望自己能为进食障碍者做一点事情。

一些患有心理障碍的儿童和青少年玩电子游戏的水平往往不低于普通学生。由于他们在情绪表达、思维方式、言语行为和社会交往方面的缺陷,因而很容易陷入网络游戏之中。

临床实践表明,即便是那些没有心理疾病而沉迷或成瘾于网络游戏的青少年们,基本上都在成长过程中遭受过挫折,在生活中遇到过不幸。那些没有解开的情结将他们引入虚拟的网络世界,他们在网络或游戏中获得解脱与满足。另一方面,网络电子游戏项目丰富多彩,游戏内容广泛多元,游戏水平难易兼有,对儿童和青少年们有着巨大的吸引力。

沉迷或成瘾于网络游戏的儿童和青少年,无论他们是否患有心理障碍,他们的认知能力应该没有受损,他们很聪明,智商不低,否则他们不可能披荆斩棘,跨越重重难关。智力低下的孩子玩一会儿就失败了,一而再,再而三的挫败很难让他们沉迷于这些智力游戏。

为了帮助这些走上迷途的孩子,家长、老师、心理卫生工作者们曾苦口婆心地劝阻他们不要沉迷于网络游戏,或是强行阻断网络的连接,指望孩子们能回归到正常的社会功能,但效果甚微。随着网络和电子设备的普及与发展,电脑或智能手机已成为儿童和青少年学习工作不可缺少的工具,很难全然断绝他们与电子设备的联系。

多媒体心理治疗在处理儿童和青少年网络沉迷或成瘾的过程中

起到了良好的效果。首先,多媒体心理治疗包含的内容很多,通过多媒体所具备的图像、声音和内容的多样化来激起儿童和青少年们的兴趣,减少他们对于心理咨询与治疗的阻抗,有助于与治疗师建立良好的咨访关系,深入了解他们的内心困惑。

其次,多媒体的多感官、多种类信息对个体的影响远胜于语言说教的作用。为心理治疗而制作的多媒体健康教育材料往往给来访者和家长留下深刻的印象,对儿童和青少年的行为改变有促进作用。

第三,利用健康的多媒体项目来替代使人成瘾的或暴力的游戏。比如,社区青少年服务中心或一些大专院校所开设的程序设计、网络设计、影视制作、游戏开发和游戏测试等项目令儿童和青少年眼界大开,觉得自己也有能力做有益有趣的活动,自信增加。与此同时,治疗师、家长、学校和社区一起帮助孩子们解除压抑的心理情结,逐步认识到学习的重要性,退出那些令其成瘾的游戏。

比如,一位沉迷于网络游戏两年没有上学、几乎不出家门的中学生,无论老师和家长如何劝阻都无济于事。当家长把电脑搬走、手机断网后,他就开始绝食。家长恼羞成怒,以为孩子绝食只是一种对家长的"示威",于是就不理他。殊不知这孩子绝食几天后危及了生命,家长只能万分沮丧地任他玩游戏。

后来家长参与了心理治疗。他们逐渐理解玩游戏并非"有百害而无一利",了解到玩游戏也能培养学生克服困难的毅力,能增进学生的逻辑判断能力和快速反应能力等,也反思了自己对孩子教育的不当。不久,那孩子也发觉了家长对玩游戏的极端反对态度有了变化,沟通方式明显改善,于是他也同意了参与心理治疗。

踏进治疗室后,他十分惊讶治疗师居然没有要求他不玩网络游戏,而是告诉他许多玩游戏得奖的年轻人如何在学业和事业上获得成功,还介绍他参加了社区的青年学生多媒体实验室,有机会听到一些专业的游戏开发者和网络开发者的讲课,令他兴趣大增,情绪明显好转。

实际上,该学生之所以沉迷于网络游戏与父母的管教不当有关。他父母忙于做生意,早出晚归,基本上没有时间与他说话,没法倾听他的喜怒哀乐。家长不知道他一个人在黑夜里的恐惧,也不晓得他作业没做好而被老师批评后的沮丧与委屈,更不了解他因肥胖而在学校里受到的欺凌。家长一见到自己孩子很差的考试成绩,惩罚与谩骂便一起向他扑来。于是,他不想参加考试,后来索性不上学了,他将自己从现实世界里抽离,沉浸于虚拟的网络世界。

因而,青少年网络成瘾的治疗绝非孩子一个人的事情,家长、学校和社区都需要联动起来,共同协作,才能起到良好的治疗效果。

团体心理治疗

团体疗法是儿童和青少年心理治疗中广泛运用的一种治疗方式,通常是一位或多位心理治疗师与一群问题相似的儿童和青少年一起工作。这种团体疗法可以使个人有机会倾听具有类似问题的人们的经验分享,从而发展自我意识。在治疗师和团体指导者的指引下,团体成员会有意识地模仿和学习那些榜样行为,尤其在目睹小组成员勇于袒露自己不为人知的内心感受而得到理解和支持后,自己也会尝试着与大家分享自己所经历过的挣扎与痛苦。

团体治疗不仅能够帮助个人宣泄自己的情感与困惑,并从小组其他成员那里获得反馈和支持,还能发展沟通技巧和社交能力,改善个体思维、情感和行为方面的偏差。

但是,团体疗法并不适合每个人,或不适合正处于人生某个阶段的个体。只有那些希望获取支持力量、渴望自己的需求被认可的人,才能在团体中发挥良好的作用,而不会因为过于敏感而受到伤害,也不会因为攻击性过强而伤害他人。

美国心理学家欧文·亚隆在《团体心理疗法的理论与实践》(1995)中提出:"许多患者进入团体疗法前感到沮丧的是,他们的痛苦是独一无二的,他们有着一些令人恐惧或无法接受的问题、思想、冲动和幻想。"但是,通过团体治疗,小组组员意识到自己并非唯一受某方面问题困扰的人,"我们是同舟共济的"。团体治疗使小组成员发现自己的一些情况并不比别人更糟,别人也有和自己一样的"坏"想法和不好的感觉;了解到其他人也遭遇过和自己相似的不愉快和糟糕的生活经历,发觉自己和他人并没有明显的差异,因而顿生惺惺相惜之感。

强迫症和进食障碍患者互助小组的良好效果有目共睹。这些患者都有着难以控制的强迫性思维或强迫性行为。无论是反复清洗衣服,反复检查作业,反复清洗肠道,还是严格控制进食量,他们都为自己每日仪式性的、不可遏制的思维和行为所致的困难而痛苦不堪。他们总以为自己是人世间最悲惨的一员。在团体治疗活动中,小组成员痛苦经历的分享令大家有着同病相怜的感觉,认识到自己并不孤独,内心压力得到缓解。小组成员与疾病对抗的勇气也鼓舞了大家,成为众人的榜样。

又如,抑郁症患者的团体支持小组最为有效的是小组成员对使用抗抑郁药物的经验分享。且不说抑郁症团体互助在情感方面给予患者的帮助,也不论支持小组提高了患者们对抑郁症发病机理与疾病发展的认知,只就抑郁症患者是否需要使用药物,何时使用药物以及药物的作用与副作用而言,团体互助小组的效用是个别心理治疗所不能相比的。在治疗师的主持下,抑郁症患者纷纷介绍自己使用药物后的亲身体验,他们的个人经验远胜于治疗师和精神病学家对药物的介绍。有的病人提及药物的副作用时,告诉大家虽然在服药初期有种情感麻木的感觉,但两周后会好转,使人不再有那种因抑郁症而产生的压抑着喘不过气来的感觉。服用抗抑郁药较久的患者提及了药物会引致体重增加的问题,再三告诫人们不要为了体重增加一点而停止服药,那是"捡了芝麻,丢了西瓜",不能擅自停药。药物可以控制抑郁,使人不再难受。只要坚持体育锻炼,体重也不会增加很多。抑郁症患者间的直率询问与坦然真诚的回答比专家们的讲述更为实际,更容易被接受。

团体凝聚力也是团体治疗的优势。小组成员在治疗小组里体验到了那份温暖与平静的氛围,那是他们在其他场合体验不到的。在团体活动中,小组成员在揭示自己痛苦经历和隐藏在内心的情结时,常能得到小组中其他成员无条件的接纳和支持,使其不再感到孤独,体验到归属感。小组成员间的包容与接纳,令组员们感到自己对于小组是有价值的。

那些家长患有精神疾病的孩子们一直承受着家长紊乱的思维、失控的情绪,甚至是暴力行为的滋扰,以致他们丧失了日常生活的平和与稳定。这些孩子在团体互助小组里,发现其他孩子跟自己一样也有着不愉快的经历,于是他们相互支持,纷纷介绍自己应对压力的方法和自己成长的历程。这些倾诉与交流给了孩子们很大的启迪。在团体小组中,他们与治疗师一起玩耍、做游戏,看电影,与同伴们一起进行艺术创作和开展体育活动,在欢乐之中学习了有关精神健康的知识和应对精神疾病的方法。

每个团体小组都有其治疗方案和活动计划,每个阶段也都有活动目标和具体方法。随着每个阶段的进展,小组会确定问题的症结与解决措施。

团体治疗成功的要点是,治疗师需确保该小组是安全的、可信任的。在团体小组开展活动之前,治疗师要与每个成员进行面谈,了解小组成员所存在的问题、想法和担忧,同时强调心理治疗中保守秘密的原则及其局限性,解释保护个人隐私的重要性。

美国心理学家朱迪·赫斯(Judye Hess)和心理治疗师阿里·米勒(Ali Miller,2018)分析了团体心理治疗的5个好处。

首先,团体疗法能帮助小组成员意识到自己并不孤单,其他人也经历过相似的心理困惑,因而减轻了孤立感和疏远感。

第二,人们常误解团体疗法是成员轮流接受治疗师的个别疗法,而其他人只是观察。米勒澄清道,团体治疗是鼓励小组成员互相寻求支持,给予和接纳、反馈和联系,而不只是从临床医生那里取得帮助。

第三,团体疗法还可以帮助小组成员找到自己的"声音"。米勒将该声音定义为"意识到自己的感受和需求并表达出来。"在小组活动中,她强烈鼓励成员们关注整个活动中自己的感受,并提出来进行讨论。

第四,团体疗法可以协助小组成员以更健康的方式与他人建立联系。赫斯指出:"在团体治疗的安全氛围中,小组成员可以从关心他们的人那里得到真诚的反馈。"

第五,团体疗法提供了一个安全网。小组成员在团体治疗中获得了真实可信的支持与帮助,并在小组中练习了各种技能。随着不断的实践,成员们的自信心也增强了。

欧文·亚隆在《团体心理治疗的理论与实践》一书中提道:"当个人认识到他们给小组成员有价值的东西时,随着改变和自我效能的提高,他们的自尊心也随之提高。小组成员可以从其他人那里听到他们如何处理难题以及如何取得成功。彼此共享的成功为团队带来了积极的活力,并鼓励变革。"亚隆还强调了团体治疗所产生的归属感的重要性,因为"归属感既可以培养力量,又可以赋予力量"。

催眠治疗

催眠治疗在儿童和青少年心理治疗中的良好效用曾令许多治疗师感到惊讶和兴奋,有资质的催眠治疗师们在儿童的催眠心理治疗实践中也证明了心理学家伦敦(Perry London)和巴勃(Theodore Xcnophon Barber)的发现,即7至14岁儿童的催眠感受性较高。在这一年龄段,他们的催眠感受性常随着年龄的增长而提高。8至10岁年龄阶段的儿童,约有80%的人会出现催眠遗忘,而在11至22岁年龄阶段的人们,出现催眠遗忘的比例较少。美国心理学家希尔加德(E. R. Hilgard)用斯坦福催眠量表A式来比较儿童和成人的催眠感受性,其结果也与上述论点相一致。

所谓催眠治疗,是指在来访者处于催眠状态下对他进行的任何形式的心理治疗,即通过人为诱导(如放松、单调刺激、集中注意、想象等)引起的来访者进入特殊的恍惚心理状态,并在这恍惚的状态下进行心理治疗。催眠治疗的特点是,被催眠者自主判断、自主意愿行动减弱或丧失,感觉、知觉发生歪曲或丧失,或唤起早年的记忆,肌强直、肌麻痹、自主神经功能改变。在催眠过程中,被催眠者遵从催眠师的暗示或指示,并作出反应。

催眠的深度取决于个体的催眠感受性、催眠师的威信与技巧。在深度催眠状态下,被催眠者会发生认知改变、痛觉丧失和麻痹瘫痪等。通过催眠的暗示还可让被催眠者在催眠解除后遗忘催眠过程本身。催眠效应可延续到催眠后的觉醒活动中。

催眠在治疗儿童和青少年心理创伤、注意缺陷/多动障碍、遗尿、睡眠障碍和痛经等多种心理症结方面效果良好。催眠治疗时,治疗师运用分析性心理治疗、认知行为疗法或其他心理疗法所提出的心理暗示语都能获得有效的反应。因为在催眠状态下,个体接受暗示的能力增强,心理防御作用减少,由此而产生特殊的催眠反应。有时,儿童不必进入深度催眠状态,在中、轻度的催眠恍惚时就能对治疗师的暗示作出应答。

比如,治疗师对多动症的儿童进行催眠时,提出了"想一想再行动"的心理暗示。这些经过催眠的孩子在随后的生活中冲动行为明显减少。当老师和家长夸奖他们的进步时,他们表示在自己的脑子里经常会出现"想一想再行动"的警示语。一般来说,给予催眠遗忘暗示的孩子们不会记得曾经接受过的催眠治疗,也不会明白这是"催眠后暗示"效应,但是,治疗师们常为催眠治疗的神奇效果而备受鼓舞。

儿童注意缺陷/多动障碍的催眠治疗不仅在个别催眠时有效,在团体催眠时同样效果不错,具有事半功倍的治疗效果。

又比如患有抽动症的儿童,一旦焦虑加重,他们喉部发出的怪声与面部或肢体的抽动强度与频率就会明显增加。也就是说,当这些孩子的抽动症状突然明显时,常常能发现他们犯错误受处罚了,或是考试成绩不好,不知如何面对严厉的家长;也有可能是他们正面临什么巨大的挑战。在这种情境下实施放松性催眠治疗,一般都能起到立竿见影的良好效果,抽动明显减轻。不过,若要获取较长时间的疗效,那还需进行反复多次的治疗。

儿童催眠心理治疗的适应证非常广泛,可以这么说:凡需要心理治疗的疾病,均可辅以催眠;有些并不需要心理治疗的状况,催眠也适用,因为它能提高儿童和青少年的健康水平,挖掘他们的潜能。实践亦已证实了这一点。

生物反馈疗法

在传统观念下,个体不能控制由自主神经系统所控制的心脏、血管、胃肠、肾脏和各种腺体等内脏器官的活动。但是,美国心理学家尼尔·米勒(Neal E. Miller)所创立的生物反馈技术,第一次打破了个人无法操控自主神经的传统观念。他运用一些电子仪器来测量体内生理指标,并将那些生理活动时的生物电信号放大成人们能感知的信号,通过视觉或听觉呈现给人们。经过反馈性训练,人们可以操控那些由自主神经系统控制的脏器活动,以改善其生理功能和心理紊乱状况。

生物反馈仪（biofeedback）是一种电子仪器，即通过视觉或听觉信号，揭示人体内部由自主神经系统所控制的脏器活动状况的显示器，其目的在于通过感知这些信息，操纵那些在其他情况下意识不到或感觉不到的生理活动。比如，紧张焦虑会引起心跳加快，一般情况下个体无法让自己的心跳马上慢下来。但通过生物反馈技术，学习如何控制它们，就能做到减缓心律，自我调整机体功能，达到防病治病的目的。

儿童和青少年们具有很强的好奇心和探索精神，生物反馈疗法常引起他们巨大的兴趣。他们会在光线柔和的心理治疗室里，舒适地躺在躺椅上，自己的头部、胸前、手腕和脚踝等部位的皮肤上贴着电极，电极的电线连接着电脑，就像做心电图测试那样，将他们的生物信息传入电脑。也有更为简便的仪器，只需在手指上套上几个指套，然后大视屏上就会显示出他们的生物电的波浪或是其他物体运动的画面，他们能听到嘟嘟的声音或人为设置的其他声响。当他们的情绪激动或紧张时，声响快速而高调，画面运动急速。然而，通过放松和冥想的训练，那嘟嘟声变得柔和平稳，翻滚的画面也变得缓慢。这些都表明了来访者心跳和内脏的运动趋向平和。当然，躺在那里的青少年们更能体验到自己情绪的改善，焦虑减轻，心情舒畅。

生物反馈治疗很受儿童和青少年的欢迎，若将心理治疗和生物反馈技术结合起来，可治疗焦虑障碍、考试前紧张、慢性疼痛、睡眠障碍、偏头痛、多动症和哮喘等多种疾病。

许多不可能的事情，只要有了好的思路，就有机会将其变成可能。虽然人们不可能操控自主神经系统主宰的脏器活动，但尼尔·米勒创造的生物反馈仪将不可能变成了可能。

网络心理治疗

互联网的普及驱使越来越多的青少年在网络上寻求心理援助。当下的年轻人已经不太适应传统的面对面的治疗方式。一旦他们遇到心理危机,或者情绪出现问题,他们希望在网络上获得即刻的帮助,马上有人关心他们。以互联网为载体的网络心理治疗和心理咨询形式正迎合了青少年的需求。网络咨询和治疗方式丰富多样,视频、语音、文字沟通、图片以及表情符号的使用令郁闷枯燥的心理咨询和心理治疗变得生气勃勃,更加便利。

网络心理咨询主要分为两大类:一类是专业性网络心理治疗,另一类是为大众提供的即时性网络心理援助。

专业性网络心理治疗最主要的特点就是将传统的面对面心理治疗所转化成网络服务。治疗师与来访者沟通的主要工具是电话、电子邮件、视频、语音和短信。它所提供的服务内容基本上与面对面的治疗相似,治疗师仍由具备专业资质的心理治疗师所担任,来访者通常需要预约,有专门的治疗师来确定治疗的次数与疗程。即便在网络上治疗,来访者的迟到、失约和改期等处理原则基本上与面对面治疗类似。

专业性网络治疗在时间、地点和使用方法方面变得更为便捷,尤其是能为那些居住在偏远地区、或在当地缺乏专业治疗师的青少年们提供心理治疗服务;它同样也便于青少年在晚上或课余时间得到心理治疗。

即时性网络心理援助也称为"在线心理咨询""求助热线",最常见的就是"危机热线"(Crisis Hotline)。在日常生活中,危机热线成了"即时性网络心理援助"的代名词。

世界卫生组织明确指出:危机热线旨在"向求助者提供情感支持,探索其生活中的问题,从而使他们能够确定自己想做什么。危机热线的工作人员以同理心和尊重的态度与求助者建立联系,增强求助者的归属感。(WHO,2018)"

危机热线的优势是方便、即时与实惠。它通常以一年365天、一周7天、一天24小时为目标提供全天候服务。虽然某些危机热线因各种原因还只能提供时间有限的服务,但就整体而言,危机热线的服务很少受到时空的限制。

危机热线的另一个好处是它通常是公益性无偿服务,有的来电者可能需要支付网络和电话的使用费用,但是求助者无需额外支付心理咨询费。这种公益性的即时心理援助在自杀预防和人们遭受天灾人祸时显得尤为重要。

危机热线有专业性、匿名性与服务的局限性三大特性。

危机热线志愿者中的多数人本身就是心理卫生行业的专业人员,还有一部分是通过专业培训获得危机热线的咨询资格后才上岗服务的志愿者。危机热线的志愿者都需要经过面谈和无犯罪记录的审查才能上线服务。

危机热线的匿名性既是热线的特性,也是它的一大优势。一些来电者鉴于个人隐私问题而羞于面对他人,或因其他难以启齿的问题而不愿意公开自己的身份。另外,咨询员通常也是匿名上岗,因而彼此互不相识。危机热线的服务可以使来电者在匿名的网络咨询中畅所欲言,真实地表达自己的情绪与心理困惑。

第六章 儿童和青少年心理治疗的核心技术

危机热线的咨询虽然属于心理咨询的范畴,但也有它的局限性。危机热线是即时的、短暂的心理援助,许多疑难病症无法通过危机热线的咨询服务来获得有效治疗,因而那些危机和疑难的案例仍需要转介到其他心理卫生部门。

机器人虚拟治疗师已经踏入网络心理治疗领域,深受青少年的喜爱,它每周7天、每天24小时的全天候服务引起了广泛的关注,这种心理辅导性的聊天框架"为使用它的所有人创造了治疗性对话的体验。(Alison Darcey)"心理学家可以把所需的和积累的经验都复制给机器人,并不断调整机器人的学习模式,以适应和保持学习过程。机器人强大的记忆力已经超越人类,它们对各种精神疾病的症状和诊断标准的记忆胜过临床心理学家。

社交网络对于年轻人来说非常重要,社会孤立和难以建立人际亲密关系是一些年轻人的心理特征。互联网上的心理健康服务可以增强青少年的归属感,鼓励他们积极交流。机器人心理治疗师正在被心理学家们不断地调教着,今后人们寻求机器人心理治疗师的帮助可能会像现在用手机观看视频一样自在。

网络心理咨询和网络心理治疗为现代临床心理学开拓了另一个广阔的领地。

第七章

儿童的心理症结与
神经发育障碍[*]

　　许多精神疾病和心理障碍的发作始于儿童期和青春期。早期发现、早期诊断、早期治疗对儿童和青少年的心理发展和心理健康有着巨大的作用。儿童的一些心理障碍若在儿童期没能获得及时治疗与矫正，那么，一旦错过了最佳治疗期，待他们长大之后再进行治疗就会变得相当困难。所以，家庭、学校和社会都须积极关注儿童和青少年心理健康，提供更多的有关儿童和青少年心理健康方面的服务。否则，那些被延误治疗的儿童和青少年长大成人之后，他们的成长会受到阻遏，健康会受到伤害。

　　学习困难

　　尽管多数学习困难（Academic Barriers）的儿童在出生之后就会显现出一些行为方面的异常，但是，在一般情况下，只有当孩子开始

---

[*] 本章由基维萨卢博士撰写，作者翻译。

第七章 儿童的心理症结与神经发育障碍

正规上学之后,他们在智力或学业方面的缺陷与困难才会明显地表现出来。

导致儿童学习困难的主要原因是神经系统发育异常,出现智力障碍、交流障碍、自闭症谱系障碍和注意缺陷/多动障碍等。在学习领域表现出来的主要问题是数学、阅读、书面表达和书写等困难。有些孩子因为不喜欢上学,所以有可能在学校里表现出学习困难的问题;也有的孩子在家里不想学习,因而家长会怀疑孩子的学习能力有问题。因此,当孩子们在学校和在家中学习都面临重大挑战时,应该考虑对他们进行"儿童心理教育评估",这将有助于进一步查明这些儿童究竟哪些方面出了问题?是什么原因导致了学习困难?尽早发现问题,尽早克服某些缺陷,才能最大限度地发挥他们的长处,激发学习潜能,使其在学业上表现得更好。

由于临床表现和年龄方面的差异,很难估计受学习障碍影响的儿童数量。根据《精神障碍诊断与统计手册(第5版)》(DSM-5)对儿童患病率的估计,大约1%的儿童患有自闭症谱系障碍,5%患有注意缺陷/多动障碍,以及1%患有某种形式的智力障碍(APA,2013)。这些残疾对儿童和青少年的学习与生活的影响各异,有的只是轻微损伤,有的则会严重影响他们的社会功能。不幸的是,当儿童的日常活动受到较小的挑战或损害时,或者说,该疾病只影响到一个领域而不影响他们的社会功能时,他们往往得不到检测和治疗,由此贻误了治疗的关键期。这将对儿童和青少年的成长、学习以及最终对他们的自我发展产生负面影响,他们有可能以消极的方式来获取他人的关注。因此,人们需要探究、了解那些具有残障的学生是如何学习的,以便创造更多的机会来塑造适合这些学生的学习材料,采用特殊的学习方式与感知风格来帮助他们获取知识与经验，进一步地发展自我。

儿童的游戏和艺术心理疗法可以帮助儿童使用适合自己的方式来表达自己，从而减轻口头言语表达的负担。年幼的孩子经常通过游戏来发挥想象力。在游戏治疗中，儿童会通过玩具、游戏或艺术创作来表达他们在学习上的困难，在学校里受到的委屈，或是在家里遭到的批评。

如果儿童在游戏和艺术治疗时将一个"不良人物"作为主题，这就需要提醒治疗师进一步探究该儿童是否有学业或神经发育障碍方面的问题，需要进一步进行检查与评估。

当儿童被确定患有神经发育障碍，如注意缺陷/多动障碍、沟通障碍、自闭症谱系障碍时，可邀请照顾该孩子的家长、家里的老人们，或年长的哥哥姐姐们一起参与治疗，也就是家庭的联动治疗。家庭治疗的目的是向该家庭提供支持与帮助。

家庭治疗可分阶段进行，在最初阶段，家庭成员们需要学习儿童心理发展和心理健康方面的知识，了解儿童怎样看待外界事物，他们的疾病如何影响他们的生活，以及他们如何对外部情景做出反应。

除了帮助父母和家里的老人们了解孩子学习困难和心理障碍的表现形式，大家可以协商制定健康有效的与孩子互动的方式，以维护孩子的自尊。比如，家庭成员不要批评、贬低或责怪孩子因神经发育障碍而引致的社会适应不良行为，因为这不是孩子的过错，是那些潜在的神经功能、生物学、神经化学和遗传因素所引致的异常行为。出于同样的理由，家长也不要为这些疾病而责备自己，儿童的发育障碍并不是对儿童或对家庭的惩罚。另外，孩子的异常行为可能会遭到摒弃、嘲笑或戏弄，家长不必为此感到耻辱，而是协助大家认识到每个人的大脑是以其独特的方式发展和表达的,我们需要想方设法、最大限度地减少神经系统疾病对儿童当下和未来社会功能的影响,使其不仅在儿童时代,而且在长大成人之后都能充分发挥其潜能。

第二阶段着重于与家庭成员一起探讨该孩子的独特感知方式和学习风格,提供实用的沟通技巧,促进家长与孩子们的互动。有的家长急于纠正孩子不正确的学习方式,过多的批评和指责常令孩子丧失信心,抑或对家长不理不睬,抑或大发脾气。与孩子的沟通应以鼓励为主,扬长避短,增进孩子们的自信。许多家长在这个探索与学习的过程中受益匪浅,因为身为父母并不表示他们天生就具备完善的育儿经验,也不表明他们真正了解自己的孩子。

第三阶段为实践总结阶段,治疗师可以与父母、祖父母或兄弟姐妹们一起模拟练习所学到的沟通技巧与教育方式,在督促和帮助孩子学习时,或要求孩子做家务时,或与孩子一起玩耍时,都要使用积极的、支持性的互动形式。

总之,儿童和青少年的学习困难都有其潜在原因,所有的疑点都应引起关注和澄清,以便更清楚地确定该学生是否患有某种疾病,如有必要,需要制定有效的治疗措施。

语言障碍

小孩子的说话能力各不相同,有的孩子很早就开口说话,口齿伶俐,但有的孩子直到三四岁才说话。晚开口并不一定是语言障碍(Language Disorders),儿童的语言障碍不容易确定,通常到小孩子上学后,人们才发现有的学生具有沟通障碍、选择性缄默症或口吃等语言方面的缺陷。比如，在学校里，有些学生在小组活动、口头朗读以及与同学或老师交流时会出现言语和语言障碍的迹象，他们对字或词的运用能力较差，难以把字和词组成句子，出现持续的语音生成困难，他们的言语能力显著低于同龄儿童。另有一些学生在家里说话自如，但在某种环境下，或遇到陌生人，几乎完全停止说话，只以点头、摇头或用面部表情、手势等来表达想法。还有的孩子言语的正常流利程度和停顿模式紊乱，出现语音和音节重复的口吃现象。

医学咨询、心理教育评估和心理诊断等专业评估通常能发现这些学生的语言障碍是因为神经发育问题还是内在焦虑所致，因而能对症治疗。医学咨询是语言障碍诊断中最重要的一环，通过一系列的医学检查可以排除医学生理学方面所存在的问题，随后，全面的心理教育评估将测查孩子的智力、社会和职业功能水平，以确定他们可能存在的任何学习障碍或智力障碍。心理状态的评估与心理症结的探究也是挖掘语言障碍的重要组成部分，儿童所经历过的创伤事件和内在焦虑也是语言障碍的激发因素。

与大多数心理障碍一样，了解语言障碍旨在为设计有效的治疗和干预措施提供依据。

因医学生理学因素而引起的语言障碍需要尽早进行医学治疗，如肿瘤所导致的言语障碍则需要及时切除或遏制肿瘤的生长。

一般来讲，言语治疗和心理治疗都有益于语言障碍的改善。患有语言障碍的儿童可以转介给言语和语言病理学家（SLP）进行治疗。SLP是在语音评估和特定言语练习方面训练有素的专家，他们能以专业的技术来促进健康语音的产生。语音治疗师将通过评估和诊断来确定该儿童需要持续性的语言治疗还是短期的矫正性治疗。

众所周知，人类的发音能力与他们的生理发育期密切相关，比如，老人学外语较困难是因为他们大脑的可塑性比小孩子差多了，与发音相关的肌肉灵活性也下降了。相对而言，儿童学习语言的能力较强，但也受年龄和发育状况的限制。所以，早期发现和早期治疗儿童的语言障碍能使他们的沟通能力获得明显的改善。任何延误和不适当的治疗都有可能引起终身遗憾。

选择性缄默症主要表现为儿童或青少年在与其没有亲密关系的人面前，或在陌生的场所中不能说话，这种障碍被认为与焦虑相关，对它的治疗就着重于焦虑障碍的治疗。

注意缺陷/多动障碍

注意缺陷/多动障碍（Attention-Deficit/Hyperactivity Disorder，ADHD）常简称为多动症，它最显著的三大症状就是注意缺陷、多动和冲动行为。

多动症患者的表现形式各不相同，有的以注意缺陷为主，注意力不能维持较长时间，在课堂上常常目光无神，心不在焉，好像在做"白日梦"；而有些学生在教室里坐立不安，手脚不停，身体不停扭动；还有一些学生是不断插话，不能等待，行为冲动。

其实，在现实生活中，所有孩子在不同的发育阶段都会出现程度不一的不专心、过度活跃和冲动。由于社会文化环境的差异，人们对多动症症状的认知也有差异。比如，世界上许多文化中都存在着"男孩"和"女孩"的刻板印象。男孩子通常在课堂里或在游戏中表现得比较"活跃""好动""外向"和"更具攻击性"，因而人们可能会忽略男孩多动症的早期症状。又如，人们常将女孩描述为"安静""礼貌"和"端庄"的样子，而疏忽了女孩早期出现的注意缺陷问题。有些女孩特别活跃，被人们视为"社交能力强"，而没有意识到她们患有多动症的可能性。

在某些文化环境中，教师对学生的管理十分严格，限制了儿童和青少年的自由活动和富有创意的发言与表述，过多地将一些聪慧的儿童纳入多动症行列。

一般情况下，轻度的类似多动症的特征和行为往往是暂时的，不会干扰其正常功能。幼小孩子的多动症也常常不引人注意。但是，当孩子上学之后，他们的注意力不能集中、多动和冲动行为变得更为严重，而且在不同环境中持续存在。如果他们的心理、行为和社会功能多方面经历重大挑战并产生不利影响时，则需要进行多动症的评估与诊断。

人们认为多动症是一种行为障碍，但几十年来大量的神经科学研究表明，多动症与大脑发育状况相关。因此，在《精神障碍诊断和统计手册》的第五版中，注意力缺陷/多动障碍被归类于神经发育障碍，强调儿童时期的神经和生物学发育问题在多动症中的作用，而且这些症状通常在12岁之前就可发现。

一般来说，多动症会与其他心理障碍共存，因而恰当的诊断将为适当的治疗提供指南。在诊断前，由家长和老师填写多动症评估表，然后再由专业人士进行诊断。

不管何种形式的多动症，其征兆都会在儿童期出现，因而对多动症的早期发现、早期治疗尤为重要。研究表明，错过适时的治疗将影响儿童的学习、成长和社交功能。也就是说，儿童和青少年期的多动

第七章 儿童的心理症结与神经发育障碍

症若没有得到恰当的治疗,这疾病可延续至成年,并影响成年人的社会功能,成年人在生活和工作方面的不顺利有可能与注意缺陷/多动障碍相关。

心理治疗的目的是为了促进儿童和青少年对自己和周围世界保持健康的看法。一些患有多动症的学生经常受到家长、老师、同学或社会上其他人士的批评与责难,他们也知道自己无法集中注意力,或一直"忙碌不停",经常惹麻烦,因而常常自我感觉"不好",并对没能控制自己的行为感到悔恨。

在对多动症学生进行心理治疗时,需要家长、老师和监管人员共同参与,提高大家对多动症产生原因的认识,帮助学生们了解大脑的独特运作模式,并以健康的方式与他们的大脑一起生活,取得更为积极的成果。

在可能的情况下,治疗师走访儿童或青少年的家庭甚为有效。治疗师深入到孩子们的家中,可以客观地了解其家庭的结构、恒定性和日常活动的规范性等状况,评估家庭因素对孩子的影响,并确定可以做出哪些改变,以减轻孩子们在家庭环境中所表现出来的多动症状。比如,观察家庭中日常用品的摆放是否井然有序?如果孩子们知道家用物品应该去哪里寻找,就不容易出现乱翻乱找的混乱行为。又如,孩子们是否有规定的作息时间,否则孩子们随意玩耍,生活就没有规律。

在家访前,治疗师需事先与父母交谈,签署同意家访的协议书。家访时,治疗师可以与家长和孩子们一起探讨增加家庭结构性和恒定性的方法,制定家长和孩子们都能接受的作息时间表,并将这些内容一一记录。孩子们的作息时间表需摆放在引人注目的地方,如贴在冰箱上或放在房门口,它将时刻提醒和监督大家遵守自己所认同的规范。

家庭结构与规范的设立并非固定不变,治疗师可定期与家长和孩子们讨论哪些规范比较合理,哪些规定需要修改,帮助孩子们在家庭生活中建立有效的自我管理方法。

值得注意的是,尽管采取了各种心理治疗的策略与方法,一些儿童和青少年仍然难以控制其多动症的症状,这时可能需要考虑采用药理治疗,进行医学干预。多动症的药物可以非常有效地帮助儿童和青少年集中注意力,保持安静,提高学习效果。

依恋

依恋问题在心理研究和儿童发展领域里引起了广泛的探讨和大量的研究。依恋(Attachment)是一种情感纽带,是指一些儿童和青少年与其父母或主要照顾者之间强烈的情感关注和心理联系。依恋是一个过程,从出生开始一直伴随着孩子成长。

约翰·鲍比(John Bowlby,1969)是最早提出依恋理论和"依恋"这个概念的心理学家。他和其他依恋理论家们都认为,孩子与父母或主要照顾者之间的这种连接或依恋形式可以视为婴幼儿早期工作模型,婴幼儿确定了自己可靠的、可信任的安全基地,然后再冒险去探索外部的世界和周围的人们。而孩子们与照顾者之间的依恋形式也会影响孩子对自己和周围世界的看法,孩子们既有可能表现出安全可信、积极乐观的态度,也有可能产生恐惧不安、不可预测的内心不安全感。

鲍比指出,儿童时期经历的依恋类型会影响其青春期和成年期对他人的依恋模式、对自己的看法以及他们在客观世界上的行事方式。

自鲍比开创性地提出依恋理论之后,一些理论家和研究人员也纷纷提出了特定的依恋类型或形式。比如,玛丽·安斯沃思和比尔(Ainsworth & Bell, 1970)提出了安全性依恋、矛盾不安全性依恋,以及回避性不安全依恋3种主要的依恋类型。后来,研究人员梅和所罗门(Main & Solomon, 1986)根据他们的研究,增添了第四种依恋类型,称为无组织不安全依恋。

家长养育孩子的方式决定了孩子的依恋模式。若家长具有健康的爱,积极关注孩子的需求,富有热忱,那么孩子就会展示出健康安全的依恋形式。比如,当家长离开时,孩子虽然会表现出正常的不高兴反应,但他们能够信任家长,相信家长会回来;当家长返回时,孩子能重新获得抚慰,心情放松。一个具有安全性依恋的孩子知道自己在需要时可以寻求并获得家长的安慰、关爱与保护。在整个儿童和青少年发展期以及成年期,安全性依恋可以帮助孩子们与其他同龄人或成人建立健康的、良好的互动关系。

相对而言,有些家长在与孩子互动时表现出严重的焦虑、混淆与矛盾,这有可能形成不安全的依恋形式。这些孩子对家长没有牢固的依恋感,不信任他们,知道无法从他们那儿获得舒适感与安全感,但自己也不知如何处置,于是孩子们经常以哭闹来表达自己的困扰、焦虑、恐惧或不适。儿童期不安全性依恋将导致孩子们对他人的不信任,在青少年期和成人期可能出现与同伴交往和人际互动的困难。

回避性依恋通常发生在孩子受到疏忽照顾或受到虐待的家庭中。这些孩子避免与父母或照顾者接触,或在面对虐待者时展示出不安与惊恐。

因此,在治疗中,充分了解孩子成长过程中的亲子互动形式和早年生活事件是很有帮助的。这种童年经历可以提示治疗师去修复依恋中的各种干扰,并帮助父母和孩子发展健康的依恋模式。研究表明,当儿童因某种需要而寻求家长的安慰、关心和保护时,倘若受到忽视或惩罚,那么,这些孩子有可能变得孤僻和不合作。一般来讲,孩子们天生没有能力去发展健康的人际关系或应对技巧,这些技巧是从家长那儿习得和模仿的。所以,儿童和家长可以一起参与治疗,以促进健康的亲子互动。在治疗过程中,治疗师可以通过观察家长与孩子一起玩游戏或进行艺术活动时的互动方式来客观地了解他们的依恋模式。在与孩子的互动中,家长可学习如何有效地与孩子沟通,如何表达自己的爱心,如何让孩子产生安全感,如何提出善意的建议,如何指导孩子控制情绪,以及如何帮助孩子解决他们自己能够解决的问题等。孩子也可学习如何表达自己的情感与需求,如何按照规范行事。家长和小孩在治疗中所习得的方法都可以在家里继续练习推广。

安全的、积极的依恋模式是最健康、最适合于儿童和青少年成长的方式。但是安全性依恋需要呵护与维护。随着时间的流逝,健康的依恋有可能被打断和改变。比如父母分居、离婚或死亡,或是主要照顾者发生变化;或是父母出现精神障碍或严重疾病,都会对安全的依恋产生冲击,甚至出现依恋障碍。依恋的中断或照顾者的变化是否会导致依恋破损和不安全的依恋,取决于平时家长对孩子的养育方式、与孩子互动的性质和频率以及孩子的早年经历。因此,家长需要认真仔细考虑怎样向孩子解释家庭中发生的变化和今后可能出现的状况。

除了与家长的沟通外,治疗师还需尽可能地与其他相关的成年人一起工作,如孩子的祖父母、学校老师等,大家一起探讨与孩子互动的方式,并获取反馈意见和支持。

儿童和青少年的不安全感与对他人的不信任感会在心理治疗过程中显现出来。当儿童和青少年们面对一个初次相识、依恋关系尚未建立、或依恋关系还不太牢固的治疗师,他们会紧张,保持一定的距离,或者试图将其推开。因此,心理治疗过程也是向儿童和青少年展示良好的、健康的依恋关系的过程,治疗师作为重要的榜样,应该让孩子们发现和认识到,那些始终如一的、健康快乐且充满爱心的成年人是可以信任的。

不过,就临床诊断而言,目前尚无针对不健康依恋问题的确定诊断标准。但是,临床实践已经表明儿童和青少年的依恋模式将影响年轻人的成长发育,如果消极的依恋不及时治疗,可能导致各种疾病。与依恋相关的最严重的疾病之一是反应性依恋障碍,在《精神疾病诊断与统计手册》第五版的分类中将其归为与创伤和应激相关的疾病。

自闭症谱系障碍

自闭症谱系障碍(Autism Spectrum Disorders,ASD)简称自闭症,属于神经发育障碍。《精神疾病诊断与统计手册》第五版指出,自闭症谱系障碍的患病率在普通人群中约为1%,它的特征为儿童和青少年在社会、职业、智力、适应和社交等方面的不同程度的持续性功能损伤,主要表现为社交情感互动的缺陷,在社交互动中使用非语言交流行为的缺陷,以及发展、理解和维持人际关系的缺陷。此外,自闭症的患者还表现出限制性的、重复性的行为模式,如刻板或重复的躯体运动,固执己见的、仪式化的语言或非语言性行为动作,以及高度受限的固定兴趣和异常的专注力。自闭症谱系障碍的严重性则由社会交流的损害程度与狭隘的重复行为模式的局限性和频率所决定（APA, 2013）。

自闭症的症状通常在儿童发展阶段的早期就会明显地表现出来,一般在孩子出生后 12 个月至 24 个月内,家长就会发现孩子的异常。只是,通常要等到孩子更大一些方能确诊（APA, 2013）,因此而导致这些孩子的认知、情感和行为多功能的损伤未能及时获得治疗。自闭症谱系障碍的诊断并非易事,除了对该儿童进行全面的心理教育和社交功能评估外,还需要从父母、照顾者和老师等处收集有关该儿童的认知功能、社交互动、适应功能和行为特征等多方面的信息,通过检查孩子生物医学状况、发育发展状况、个体的行为、社交互动以及沟通方式等进行评估,然后由具有自闭症谱系障碍诊断资质的心理学家、精神病学家或儿科医生作出诊断。

自闭症谱系障碍者经常伴随智力损伤或语言损伤,有时也呈现出与神经发育、精神或行为障碍、躯体或遗传疾病,以及环境等相关联的发病因素,因而在自闭症谱系障碍诊断时必须注明这些相关症状。

一旦儿童被确诊患有自闭症谱系障碍后,需要建立一个为这名儿童量身定制的团队,被称为"环绕式联动团队"。这个团队可包括儿童发展和自闭症专业人员、保健专业人员、心理治疗师、护理人员、自闭症行为矫正师、社会工作者、教育工作者、家长和患者本人。团队的中心人员是自闭症儿童,心理治疗师通常是这个团队的主要负责人。团队的专业人员和家长定期举行会议分享评估结果、治疗状况及效果的信息反馈,大家围绕着为自闭症患者服务的理念协同努力,以帮助、支持并改善该儿童及其家庭在应对自闭症时所遇到的挫折与困难。

自闭症的早期诊断和早期干预对症状的改善有着明显的效果,研究证明,6岁以前的行为干预和心理治疗的效果更为显著。为此,一些国家对年幼的自闭症儿童给予较大的关注,比如在加拿大,6岁以下的自闭症儿童获得的治疗补助费用是6岁以上儿童的3倍多(MCFD,Canada)。早期的投入可以帮助自闭症儿童在自我保健、社交和沟通技巧方面获得改善,促进其健康成长。

应用行为分析疗法(Applied Behavior Analysis,ABA)已在自闭症谱系障碍的治疗中获得广泛运用,它是由美国临床心理学家洛瓦斯教授(Ole IvarLovaas,1927—2010)根据前人的经验总结而成。ABA的治疗原则是高度的个性化,它根据每个自闭症儿童的需要而设定目标任务,再将其目标任务分解成一系列较小的、可操作的、独立的步骤,然后顺序逐步加以训练,并以适当的强化来巩固其所学会的知识与技能。比如,指导自闭症孩子如何识别或询问他人的感受;如何与他人进行眼神交流;如何表达自己的感受和需求;如何理解和使用言语的陈述和非言语的暗示;如何与人交朋友等,达到"减少不正当行为,增加交流,学习并采用适当的社会行为"(Lovaas,1999)的目的。

ABA疗法一般在家里完成,孩子的父母一起参与治疗的每个步骤。

ABA已在世界各地广泛运用了几十年,对它的褒贬不一。当一些人在肯定它的治疗效果时,另一些研究人员却认为它的实际效果并不理想,而且花费较多。

自闭症儿童的团体治疗效果颇佳,在团体中有机会让他们结交朋友,提高其社交互惠能力。自闭症家长的支持小组更令家长受益匪浅,大家相互介绍经验,相互支持,不仅帮助自闭症孩子改善症状,也帮助家长理清情绪困惑,增强应对压力的能力。有关自闭症的疗法不断萌生,各种疗法的效果与利弊亦在临床实践中评估与改善。

躯体症状与相关障碍

当儿童和青少年患有某种躯体疾病时,通常会继发心理困惑和情绪问题。同理,当他们出现某种心理障碍时,也会表现出躯体的不适。因此,无论是儿童或青少年,当他们因各种问题寻求治疗时,我们必须视每个人为一个身心相关的整体。在检查、分析和治疗他们的躯体疾病时,必须充分考虑到所关注问题的生理因素和心理基础;在诊断和治疗心理障碍时,也不能忽视表面症状所掩盖的躯体疾病。

从生物—心理—社会模式(Bio-Psycho-Social Model)的角度来看,每个孩子在寻求心理或精神治疗时,治疗师们将建议他们先去看儿科医生,进行全面的身体检查,排除因潜在的生物学或医学问题而引致的情绪与行为问题,这是极为重要的,可避免延误治疗。比如,有些儿童很兴奋,多动不安,有可能是因为甲状腺机能亢进所致;有些儿童驱动力低下,情绪低落,无精打采,则有可能是甲状腺机能低下;还有些儿童出现紧张焦虑、注意力不能集中、躁动、易怒等精神症状,或许是因为血糖水平过低所致;患有癫痫病的儿童会出现精神紊乱、焦虑不安,严重者表现为突然神志丧失;维生素、营养素和必需矿物质的不足也会导致身体和行为症状,这些都需要进行医学检查。

当儿童和青少年罹患严重的躯体疾病或慢性躯体疾病时,也会伴有心理问题。比如,儿童和青少年患有与疼痛相关的白血病、癌症或自身免疫性疾病时,有可能产生抑郁症或焦虑症。在疾病的治疗过程中,在专注于管理与治疗孩子们的躯体疾病时,也要积极关注他们的心理状况和情绪反应。应对疾病的积极而健康的观念与态度将有助于疾病的康复。

对那些患有特殊躯体疾病的儿童和青少年进行心理干预时,治疗师常与他们一起探讨对这种疾病的看法和理解,澄清他们对该病症和医疗状况的不正确信息和片面的看法。此外,心理治疗的重点是与儿童和青少年一起讨论和分析躯体疾病对他们的影响,消除悲观的认知与消极的情绪反应,促进健康的身份认同和自尊的发展。

曾有一个孩子立志子承父业,成为一名优秀的冰球运动员。然而,严重的糖尿病剥夺了他的梦想。他一下子消沉悲观,感到失去了人生的意义。在应对糖尿病的医学治疗和心理治疗过程中,该儿童很快学会了打胰岛素自救的方法,懂得了糖尿病的发病原理和治疗措施,对自己的健康身份产生了新的认同感,萌发了长大后当个糖尿病专科医生的想法。对于儿童和青少年来说,拥有健康的自我认同感和自信心是极其重要的,当他们对自己的特殊身体状况赋予积极的含义时,他们的健康心理状态将促进疾病的康复。

联动性家庭心理治疗将有助于病孩家长的心理舒缓。家长们常因孩子的躯体疾病而焦虑不堪,抑郁痛苦,身心疲惫。在家庭治疗过程中,治疗师将协助家长改善自己的情绪,学习一些应对压力的方法。在条件许可的情况下,治疗师、家长和医生们一起参与咨询会,确保家长了解医疗状况并消除可能存在的误解。时机适当时,身患疾病的孩童也可以一起参加会议,以增进儿童和青少年抗病的信心。

儿童和青少年病情严重且救治无望时,同样存在着临终关怀的问题,其重要性并不亚于成年人的临终关怀。白发人送黑发人的哀伤通常更为强烈,它有可能对整个家庭成员造成巨大的心理伤害。

儿童和青少年的临终关怀中心通常与医院、心理治疗机构和社区服务组织密切合作,为患有绝症的儿童和家庭提供帮助。在儿童和青少年迈入人生最后阶段时,临终关怀中心向他们提供一个充满爱心的、舒适的、亲人们可以陪伴的、类似家庭居住环境的场所,为他们提供疼痛和症状管理的姑息治疗,也向家庭成员提供各方面的支持。

运动障碍

运动障碍(Motor Disorders)是神经发育障碍的一种表现形式,通常在儿童发育的较早阶段就能观察到。这些孩子的运动能力、步履姿态、身体机能和协调性都低于该生理年龄段的预期水平,出现不同程度的功能障碍。他们经常容易碰撞跌倒,抓不住东西,不会用剪刀等工具,不会做翻滚等体育动作,反应笨拙。

运动障碍包括发育性协调障碍、刻板运动障碍、抽动障碍和其他神经发育障碍。在诊断时,需要详细了解儿童的发育成长史,全面检查并排除他们是否存在神经系统疾病、躯体疾病、视觉障碍或智力障碍,只有当运动的不协调性对儿童和青少年的日常生活、学业、职业以及社交活动等社会功能造成重大影响时,才能对其作出诊断。研究发现,5至11岁儿童的运动障碍的发病率约为5%~6%,男性更为普遍,男女比率约为2:1~7:1(APA,2013)。

刻板运动障碍

刻板运动障碍(Stereotypic Movement Disorder)的特征是重复的、看似强迫的、漫无目的的动作。一些被诊断患有刻板运动障碍的儿童可能表现出没有目的地反复持续挥手、身体摇晃、撞打头部、咬自己身体的某个特定部位。刻板运动障碍的患病率约为 2%~4%(APA, 2013)。值得注意的是,这种障碍与幼儿典型的规范性重复动作不同,后者是幼儿通过反复学习而获得的技能。

针对儿童和青少年运动障碍的心理治疗,除了患者本人参与外,家长的参与甚为重要。家长可以和孩子们一起进行以克服运动障碍为主题的游戏和艺术活动。

治疗儿童和青少年的运动障碍主要有 3 类措施。一是动作控制法,治疗师通过艺术或游戏来帮助孩子们学会控制身体的动作,并不断地巩固练习,让孩子们看到运动状况获得改善的事实,增进康复的希望。二是替代动作法,以新的、伤害性较小的动作来替代已存在的伤害性较大的动作,比如让孩子做一些手部运动来替代用手使劲打头的动作。以上两种方式都以认知行为疗法为主,强化积极的健康行为以消除或替代不良的消极行为。三是最为重要的方法,即帮助儿童和青少年控制和改善他们的焦虑状态。孩子们在情绪紧张时,运动障碍更为显著,或是运动障碍导致他们难以完成某项任务而产生的挫折感会增加其运动的困难。因此,家长与孩子们一起分享自己的感受和体验,既能减轻儿童和青少年的紧张,也能减轻家长的焦躁和减少家长言行对孩子所造成的压力。治疗师也需耐心地与儿童和家长们交谈,使他们认识到,某些运动障碍不可能完全消除,人们需要学习如何容忍和减缓那些障碍对个人心理上的冲击,以积极的态度来对待它们，维持个人的心理健康，增强自信与自尊，促进良好的亲子关系。

抽动障碍

抽动障碍(Tic Disorders)是一组神经发育障碍和运动障碍，包括妥氏综合征(Tourette's Disorder)、持续性运动或声音抽动障碍、暂时性抽动障碍以及其他特定的抽动障碍和未特定的抽动障碍。抽动症通常在儿童时期出现，如果不加以治疗，会持续到青春期和成年期。抽动症的特征被描述为"突然的、快速的、反复的、非节奏性的运动或发声"(APA，2013)。常见的抽动症状表现为没有规律的反复眨眼、翻白眼、咧嘴、甩手、撞头、拍打自己的身体等。抽动性的发声是一种个体不由自主地喉部发出的怪声，有时像是清喉声，有时是尖叫声。年幼儿童的抽动现象比较普遍，不过它只是短暂存在。倘若从第一次出现抽动状况后，时有时无地持续时间超过一年或更长时间，那就要考虑是否患有抽动症。

持续性运动或发声抽动障碍与妥氏综合征的不同之处在于，前者只有单一的持续性运动或发声抽动，但后者是两种症状兼而有之。

抽动症的发病年龄大约在4至6岁，症状在10至14岁达到高峰，抽动持续时间超过一年才能作出诊断。研究表明，每1000名学龄儿童中约3至8人患有抽动症。从诊断上来说，抽动障碍的发作必须在18岁之前出现(APA，2013)。

抽动症似乎很难完全治愈，有证据表明，即便在抽动症早期进行了治疗，患有抽动症的孩子长大成年后，在不同的生活阶段都有可能重新出现抽动现象，特别是当他们承受重大压力或感到非常紧张时，抽动更为明显。

抽动症的心理治疗不仅是对患者的个别治疗，而且需要家庭和学校的联动性心理治疗。家长、兄弟姐妹、老师和同学都应了解，抽动现象是一种神经发育障碍的病症，患者的抽动和发出怪声是不由自主的。有时尽管人们善意地指出了患者的抽动症现象，也会引起患者的注意，令其感到尴尬、内疚、羞愧、苦恼，从而更加紧张焦虑，加剧抽动症状。

减轻和减少抽动症的最好的方法是，营造一个积极宽松的环境，减轻患者的压力。治疗中最重要的是，增加患者的自信心和应对压力的能力，焦虑消减了，抽动状况就会明显好转。

喂食障碍

喂食障碍（Feeding Disorders）的主要症状是食物的摄入或吸收发生问题，部分症状在儿童早期就会发生，而另一些症状则在青少年期才出现。

如何喂养一个健康的孩子是家长们十分关注的问题。在一般的情况下，爸爸妈妈们都会考虑给幼小的孩子提供各种营养物品、维生素或各种可口美味的食物。

但是，少数幼儿会出现怪异的进食状况，有的婴儿或幼儿会拒绝食用某种食物或液体，进食时经常反胃、呕吐或窒息；也有的儿童会进食某种非食用物品。家长们阻止、劝说，甚至强行阻断都无济于事。实际上这些孩童出现了喂食障碍，以致他们的健康受损，体重不足，发育延缓。

异食障碍

异食障碍（Pica）是喂食障碍中的一种疾病，通常始于儿童期，约

2岁后就出现症状。这些孩子会食用非营养性、非食品类的物质,如头发、纸张和墙粉等。当他们持续吃这些非食品超过一个月,就应考虑是否患有异食障碍。异食障碍的患病率尚不清楚,智障儿童的患病率更高一些(APA,2013)。如果摄入的物品影响胃肠道消化,有可能导致二级医疗问题。

反刍障碍

反刍障碍(Rumination Disorder)的特征是反复地反流食物至少一个月。反流的食物可能会被再咀嚼、再吞咽或吐出。这种现象并非因为胃肠道疾病(如幽门狭窄)或其他病症所引起。长期反刍将导致患者营养不良,也会引起其他生理问题。

回避/限制性摄食障碍

回避/限制性摄食障碍(Avoidant/Restrictive Food Intake Disorder)主要表现为对进食行为不感兴趣。患者既没有受到其他精神障碍的制约,也没有因为生理疾病的影响。他们对饮食或食物漠不关心,偏执地依据食品的气味、味道、质地或外观而对食物表示反感,拒绝进食。长期的回避或限制摄食将导致儿童和青少年的体重明显减轻,达不到与年龄相符合的体重标准,对生理和神经系统的正常发育产生负面影响。营养严重缺乏时,患者需要使用鼻饲或其他方式来补充营养。研究发现,家庭环境不良或家庭成员患有进食障碍将增高儿童和青少年回避/限制性摄食障碍的发病危险,并且患有智力障碍或自闭症谱系障碍的儿童和青少年的比例较高。

目前并没有简单快速治愈喂食障碍的方法,每个病儿的病情不同,治疗方法也不一样,需要专门研究喂食障碍的专业治疗师、营养师、心理学家和内科医生共同协作治疗。如果孩子存在与喂食障碍相关的口腔运动困难的话,那还需要进行口腔运动的功能培训。

遗尿症

遗尿症(Enuresis)是一种排泄障碍,其特征在于难以控制排尿。一些小孩子尽管受过如厕训练,仍会经常地出现"意外"或在不适当的情况或环境下释放尿液。小孩子偶然遗尿不能视为病症,只有当孩子超过5岁,每周至少出现2次,持续至少3个月,并引起临床痛苦时才可诊断为遗尿症。需要注意的是,这种遗尿状况与受到惊吓和可怕的刺激无关。

遗尿症有3种类型:夜间睡眠时遗尿;白天觉醒时遗尿;或两者皆是。它的患病率随年龄而变化,5岁的儿童估计值为5‰~10‰,10岁时的发病率约为3‰~5‰,而15岁以上的孩子,估计值显著地下降至大约1‰(APA,2013)。

儿童和青少年遗尿症治疗的首要步骤是进行医学生理方面的身体检查,以查明是否存在医学方面的病因,如大脑发育迟缓、遗传因素、括约肌发育不全、肌张力问题、感染或糖尿病。只有在排除躯体疾病之后才考虑是心理因素。

一般情况下,孩子们因遗尿而出现的负面情绪与父母或照顾者对遗尿的强烈消极反应相关。有的家长为了警告与惩罚遗尿的小孩子,让他们自己换洗衣裤和床上用品,让孩子自己提着尿湿的被褥到外面去晒。这些惩罚性"教育"严重削弱了年轻人的自尊心,损伤亲子关系,令儿童和青少更加焦虑、抑郁、悲伤、沮丧、自责和内疚。

遗尿症的心理治疗除了针对患者的个人心理治疗外,家庭的联动性心理治疗必不可少。治疗师可与家长一起讨论病因,探讨对孩子遗尿的适当反应和行动步骤,以及如何改善和建立良好的健康的亲子关系。家长要与孩子一起制定上厕所的时间表和其他的作息时间,当小孩子没有能力掌握时间时,需由家长给予温和且坚定的提醒,帮助孩子们提高适应能力和健康管理方式。对家长而言,必须注意的是:当他们发现孩子遗尿后不要即刻斥责。这是件既简单又困难的事。家长脱口而出的抱怨指责是孩子们内心最害怕的事,他们恐慌、焦虑、紧张,不知家长还会采取怎样的惩罚。家长不仅要压住自己的怒火,还要尽量给予孩子积极的鼓励,这对家长来说是极大的挑战。比如,家长发现孩子遗尿了,家长不仅没发火,还能耐心地肯定孩子自己能按时间表定时上厕所,能遵守规定的作息时间,这周遗尿状况比以前减少了,有了进步。家长的积极反馈能明显减轻孩子们的焦虑,增加他们的自信心。

如果学生在学校里发生遗尿症,就需要学校老师、心理咨询员以及有关教职工一起参与该学生的联动性心理治疗。老师要督促幼小学生定时上厕所,允许他们经常去洗手间,努力消除学生间的欺凌行为,恢复患病学生的自尊心,减少焦虑,促进身体机能的控制能力。随着心理压力的减缓与时间的流逝,遗尿症将会治愈。

破坏性、冲动控制及品行障碍

破坏性、冲动控制及品行障碍(Disruptive, Impulse-control and Conduct Disorders)是指一组具有破坏性的行为,表现出对冲动缺乏控制,易愤怒的、易激惹的情绪,出现争辩性的对抗行为,持有报复心理,呈现间歇性的暴怒,攻击他人或动物,故意纵火,破坏财产,欺诈或盗窃,严重违反规则,没有悔意或内疚,冷酷无情,缺乏同理心,无视甚至侵犯他人的权利、安全和保障。

儿童和青少年的品行障碍会在5岁前显露出来,经常发脾气,拒绝遵守规则,自己犯错误后却责怪他人。在某些家庭中,尽管父母禁止,一些孩子在13岁前就会逃学或离家出走。

家长、老师或其他成年人需关注儿童的任何与品行障碍相关的行为表现,不能简单地假设小孩子只是任性,长大就懂事了。破坏性、冲动控制及品行障碍的早期发现、早期诊断和早期干预将有助于儿童和青少年尽早控制不恰当的、不健康的、破坏性的品行,<u>重新导向于更规范、更健康的品行</u>。

此外,如果儿童和青少年的不当行为是由未经治疗的创伤经历、过去或当下遭受的暴力伤害、或受到虐待、受到欺凌等潜在原因所致,或者是心理发育和神经功能受阻等问题,都必须对它们进行识别、评估与诊断,并给予妥善解决与治疗。不幸的是,许多破坏性、冲动控制及品行障碍的行为并没有在儿童早期引起重视,这意味着破坏性行为在儿童和青少年期持续了较长的时间。破坏性行为持续时间越长,对他人和财产的破坏性就越大,对自身的心理损伤也越严重。

儿童和青少年破坏性、冲动控制及品行障碍的心理治疗是一项强化的、持久的和全面的治疗过程,需邀请患儿的家长、学校老师、社区工作人员以及其他有关人员共同参与。联动性心理治疗的第一步就是积极开展心理健康教育和有效的育儿策略的探讨,如果存在尚未解决的疏忽照顾、创伤事件或受虐经历等,需要各方面协力解决。

其次是设定对患儿实施全面严格的监督计划，无论在家里、学校或其他公共场所都需给予严密的督察，在破坏性行为爆发之前就能协助患儿控制情绪，减少破坏或伤人事件的发生。督察并非只是关注患儿的恶劣行径，与此同时，督察者需要积极关注患儿表现出的恰当的、良好的行为，并即刻给以正面的反馈，以促进良好的行为逐渐替代不良行为。

针对儿童和青少年的个别心理治疗无疑是最为重要的环节。治疗可以从"无指导性治疗"开始，以便观察孩子们在谈话、游戏和艺术创作时所表现出来的主题。比如，有些儿童会在治疗过程中呈现出攻击性、伤害他人或动物、愤怒和控制欲等主题思想和行为动作。治疗师必须向来访者说明治疗过程中的规定与准则，如不得损坏公物、玩具等财产；不能使用不尊重、侮辱或伤害他人的言行；无论是口头上、情感上或身体上都不得采用威胁和实际的攻击他人的行为，否则该项游戏或艺术活动即刻终止，他们只能去做其他的活动。患有品行障碍的儿童通常非常喜欢心理治疗时所提供的艺术或游戏活动，喜欢治疗师创立的和谐温暖的环境以及治疗师对他们的积极关注。有成年人陪着他们一起玩乐，这通常是这些儿童和青少年的生活中最为缺乏的，因而他们十分珍惜心理治疗时所玩的游戏和所做的艺术创作。他们喜欢自己选择的玩具、艺术品或游戏项目，不希望自己选择的活动被终止，因而他们能理解遵守规范的重要性。有时他们会犯错，会跨越界限，会被终止某项活动，但治疗师会与他一起探讨这么做的行为动机与当时的感受，设想可能会发生的后果。健康积极的互动方式能帮助儿童和青少年以良好的行为来替代既往的不良行为。

第七章　儿童的心理症结与神经发育障碍

在社会上，不难发现一些患有破坏性、冲动控制及品行障碍的儿童和青少年与帮派团体混杂在一起。当治疗师与这些年轻人建立了良好的治疗关系后，能进一步发现这些孩子因自己在家庭和学校里没有获得尊重，为了自己的权势与经济利益而参与了帮派活动。还有一些年轻人出于自我保护的目的加入了帮派组织。在极端情况下，他们甚至与犯罪团体一起做出犯罪行为。

对破坏性、冲动控制及品行障碍患者的联动性心理治疗任重而道远。

第八章

青少年的心理障碍与干预原则[*]

青少年心理障碍中的多数症状在儿童期已略见端倪,若没有及时的干预和治疗,在他们的成长发育过程中症状会越来越明显。也有一些心理病症在青少年期才显现出来,严重干扰了年轻人的健康成长。

青少年心理障碍的干预和治疗是心理治疗中极为重要的一个领域,它不仅维护了青少年的心理健康,促进了他们的福祉,也为家庭和社会的安稳做出贡献。

愤怒管理

愤怒管理(Anger Management)是一种习得性技能。

作为人类,在大多数情况下,大家都体验过各种各样的情绪,能知晓自己处于怎样的情绪状态,明白如何有效地表达自己的情感。然而,也有一些人并不懂得如何恰当表达和妥善处理自己的情绪。

儿童也会出现情绪表达和情感管理方面的困难,因此,父母或照

---

[*] 本章由基维萨卢博士撰写,作者翻译。

顾者是儿童有效管理情绪的楷模和支持者,否则孩子们不知道如何应对复杂的情绪问题,也不可能学到恰当的管理情绪的方式。

愤怒是最原始、最容易获得的情感之一。愤怒的经历会给人带来巨大的能量。不仅仅是儿童,即便是许多成年人都会经历管理愤怒的困难。对于孩子,我们必须富有同情心,关爱他们,为他们树立应对愤怒、疏泄怒气的榜样模式。

无论在家里、学校或社交环境中,儿童和青少年都有可能因无法控制怒火而导致各种不良后果与伤害。有学生因为生气而砸烂了学校里的公共物品和电脑;也有学生发火后一拳打伤了同学;还有学生与教职员工争执时,把员工打得鲜血直流;甚至有学生因一时怒气,顺手拿起菜刀把邻居杀死。因愤怒而导致的危害和悲剧举不胜举。

目睹家长的情感冲突而出现暴力行为常常导致儿童和青少年发生愤怒管理的困难。许多父母可能没有意识到家庭冲突、父母自身表达怒气的行为将严重影响孩子管理他们情绪的方式。另一个重要因素是家庭环境的变化,比如,父母离婚可能会对孩子们的情绪造成伤害。孩子们经常感到他们无法向父母表达自己对父母离婚的看法和感受,他们对父母的离婚感到无能为力和沮丧。无论他们内心是否赞同父母断绝婚姻关系,如果亲子间沟通存在障碍,都将导致整个家庭不健康的氛围和紧张的相互关系。在这种情境下,儿童和青少年最有可能表现出来的情感就是"愤怒"。

愤怒管理疗法对儿童和青少年非常重要且十分有效。愤怒管理的目的是帮助年轻人识别并接纳自己所产生的各种感受,因为对不同事物出现的不同情感反应都是正常的,是人类的心理体验。但是,人们对情绪反应的应对模式存在健康与不健康之分。比如,一个人遇到令他发怒的事情之后，能够及时离开对他不利的环境，并通过运动来疏泄自己的怒气，待自己情绪平静之后再理性思考自己应该如何应对那个困难的情境，那就是健康的应对愤怒的方式。反之，一个人被激怒后，丧失理性，随即以暴力反扑，将对方打伤甚至致死。这就是不健康的、有害的愤怒应对方式，常会引起不可设想的后果。

愤怒管理疗法可帮助各个年龄阶段的儿童和青少年认识情感反应和身体之间的关系，通过描述自己的感受，了解感受的来源以及在身体中的位置，并为这种感受命名。这个过程将帮助年轻人认识到，他所遇到的事件和经历确实对自身的生理机能产生了影响，出现了情绪反应。至关重要的是，儿童和青少年必须认识到情绪反应存在着有益的和无益的应对模式。

表8-1所示的情绪表对于愤怒管理治疗非常有帮助，因为任何年龄段的人都有可能在某个时期难以识别自己的情绪和感受。情绪表可以帮助人们识别不同的情绪和感受，它是一张列出各种情绪名称和情绪程度的表格，人们可以在表格上找出自己的情绪和位点，它能促进人们对各种情绪和健康程度的识别与表达，是有效应对和控制情绪的第一步。情绪表可根据年龄的差异而制成不同形式，儿童用的情绪表可以用各种表情脸谱来表示。一个人可以同时选择多种情绪，程度也可不同。

表8-1 情 绪 表

情绪	情绪平和(1)	有一点(2)	上升较多(3)	高涨(4)	难以控制(5)
愉快					
幸福					

续 表

情绪	情绪平和 (1)	有一点 (2)	上升较多 (3)	高涨 (4)	难以控制 (5)
自信					
惊喜					
兴奋					
无聊					
郁闷					
害羞					
混乱					
担忧					
失望					
疲惫					
害怕					
生气					
内疚					
愤怒					

愤怒管理治疗还可以帮助厘清何种因素导致了儿童和青少年的愤怒情绪,也就是确定发怒的根源,然后再选择哪种干预措施最适合解决该来访者的困扰和愤怒。有时,儿童和青少年的愤怒源于朋友间的冲突、社交互动的纠葛、学习的困难、兄弟姐妹间的争执、亲子间的代沟或对父母管教的不满,如此等等,不一而足。所有这些因外在

因素所引起的愤怒不仅需要与孩子们讨论,而且还需要父母和其他监管人员共同参与。家庭、学校和社区的联动心理治疗在儿童和青少年的愤怒管理疗法中起着举足轻重的作用。

有时,孩子们发怒是因自己无法控制某种情境,或者是因为负面的经历或知觉所致。在心理治疗过程中,根据年龄的不同,治疗师可以通过游戏、戏剧、讲故事、诗歌、音乐、绘画、手工或传统的谈话疗法等,帮助儿童和青少年了解什么是情绪和情绪反应,什么是生气、沮丧、愤怒等情绪所引致的积极和消极的反应,以及不同反应所产生的不同后果。

建构健康的愤怒管理模式和处理方法是愤怒管理治疗的核心。愤怒管理模式包括自我舒缓技能、自我保健以及负面情绪有效管理策略与方法。儿童和青少年愤怒管理疗法需强调的另一要素是帮助年轻人认识到愤怒并不是一种罪恶,而是人类所具有的多种情绪之中的一种,以维护儿童和青少年的自尊。但是,年轻人也必须了解,因愤怒,个体可做出各种不同的行为反应,包括积极的或消极的、理性的或不理性的反应形式。

欺凌

欺凌(Bullying)是指欺凌者使用武力的、肢体的、言语的或非言语性的方式,威胁、虐待、诽谤、贬低、孤立或恐吓另一个人。这种恶意行为通常会持续一段时间,令被欺凌者心身受到伤害,感到紧张、痛苦、抑郁,乃至绝望,出现自杀倾向与自杀行为。

欺凌是一种攻击性行为,其主要特征为欺凌者常充满敌意。他们认为自己在身体方面或社会力量方面占有优势,因而在一段时间内反复欺负弱势的一方,在身体上、心理上或情感上伤害他人。欺凌有时是个人行为,也有群体欺凌;有面对面的欺凌,也有网络欺凌。

受欺凌的儿童和青少年很可能表现出适应障碍的症状,以焦虑或抑郁为主。无论症状表现如何,了解症状的起因是至关重要的,以便弄清楚他们是否经受过欺凌。倘若欺凌存在,则需采取适当的措施予以制止。

许多学校和教育机构都有关于阻止欺凌行为的严格政策,但有些儿童和青少年受到欺凌后却不愿报告老师,不想引起校方注意。他们担心欺凌者会报复,欺凌行为会加剧。在某些情况下,这些学生的做法是有他们的道理的,因为学校或父母往往只能在口头上谴责欺凌行为,但在现实生活中缺乏有效的干预措施,不足以阻止欺凌行为。

作为治疗师,当欺凌成为治疗的主题时,必须与儿童和青少年坦诚地面对他们遇到的困境和内心的焦虑恐惧。治疗师应邀请受欺凌者、家长和校方一起参加关于保护学生免受伤害的讨论会,制定切实可行的阻止欺凌的"行动计划"。比如,受欺凌者和欺凌者都需接受心理辅导;协助受欺凌者组成同辈互助小组,小伙伴们团结在一起,一起行动,人多力量大,往往能有效遏制欺凌行为;组织关于阻止欺凌行为的课堂讨论;确定在校内或校外可信任的成年伙伴,以便在需要时可以求助,获取安全保障。

双相与相关障碍

双相障碍(Bipolar Disorders)在日常生活中常被称为躁郁症,属于一种精神障碍,即人们的情绪和行为发生明显的变化,表现为时而情绪躁狂、时而严重抑郁的极端变化。躁狂时,患者感到欣快、精力充沛或异常烦躁;抑郁时,对大多数活动都失去兴趣和愉悦感,甚至感到悲伤绝望。双相的情绪波动将严重影响患者的睡眠、饮食、精力、活动能力、行为表现、判断力和思考能力。

这种特殊的疾病群包括双相Ⅰ型障碍(Bipolar Ⅰ Disorder)、双相Ⅱ型障碍(Bipolar Ⅱ Disorder)和环性心境障碍(Cyclothymic Disorder)。双相Ⅰ型和双相Ⅱ型的差异,在于它们引起的躁狂发作的严重程度不同:双相Ⅰ型障碍患者的主要症状是他们经历了躁狂发作,或是轻躁狂伴有抑郁症;而双相Ⅱ型障碍则是躁狂症状相对轻缓,但患者伴有或曾经患有重症抑郁发作。环性心境障碍常表现为轻躁狂和抑郁症状多次交替出现,躁狂与抑郁的程度均较轻,没有达到严重发作的程度,且持续时间短暂。对儿童和青少年来讲,在一年时间内经受轻躁狂和抑郁的折磨超过半年,而无症状的时间从未超过两个月,这种状况便属于环性心境障碍(APA,2013)。

值得注意的是,儿童和青少年的躁郁症表现可能与成年人不同,他们似乎没有表现出严重的情绪低落或悲伤,而是显得更为烦躁与易激惹,他们的体重也与正常发育的标准不相符合。此外,躁郁症的症状使年轻人难以在学校里表现良好,也难与朋友和家人和睦相处。一些患有严重躁郁症的儿童和青少年可能会试图伤害自己或自杀。

环性心境障碍通常始发于青春期,但是人们往往待成年之后才被诊断。因此,早期识别环性心境障碍将获得早期有效的干预和治疗,以减少疾病对年轻人的成长发育、社会功能和自尊的影响。

究竟什么原因会导致双相障碍?迄至今日仍是一个未解之谜。

第八章 青少年的心理障碍与干预原则

人们普遍认为双相障碍是大脑化学平衡失调之故,也有人认为躁郁症与遗传有关,因为它似乎是家族性的。当然,环境因素和重大的精神创伤事件而导致的巨大心理压力都有可能诱发双相障碍。

对儿童和青少年作出双相障碍的诊断必须谨慎,医生或儿科医生需向家长详细了解孩子的成长史与家族史,通过必要的医学检查以排除潜在的躯体疾病,再进行全面的双相情感障碍评估,然后才能作出确切的诊断,包括所伴有的其他症状。

心理教育评估和心理健康教育对患有双相障碍的儿童和青少年的治疗有很大的帮助,它既能充分了解儿童和青少年的学习能力和他们在疾病影响下的生活状况,又能向其客观地解释什么是躁郁症,以消除他们因疾病引起的紧张与沮丧。

父母与家庭成员参与的联动性心理治疗将提高大家识别躁狂与抑郁情绪变化的能力,获取为双相障碍者服务的信息与资源,并对儿童和青少年患者给予积极支持和关怀。一些年龄较小的孩子可能对情绪的变化认识不足,更需要家长的积极关注。治疗师、儿科医生或精神科医师与家长一起探讨药物干预的利弊也是极为重要的环节。在病情较为严重的情况下,药物干预能稳定情绪,减少对年轻人学业和社交功能的负面影响。

如何提高自我意识,如何识别情绪变化,如何管理躁狂与抑郁所引起的情绪反应和行为表现,如何应对双相障碍对学业、社交和生活的影响,如何令自己更有效地管理自己的心理健康,这些都是儿童和青少年在心理治疗时所需要探讨的问题。

认知行为疗法在情绪管理与行为矫正方面非常有效。比如,请儿童和青少年写下思想日志,分析自己想法中的干扰性思维、现实性思维、负面思维以及抑郁性思维,然后强化积极的思维方式,以其替代消极的思维方式,有效管理自己的情绪。另外,制定锻炼计划、日常生活计划、社交计划以及运动日程表等,并记录实施情况,以实际的数据资料来显示行为管理对情绪的影响。无论是轻躁狂还是抑郁,坚持适量运动能增加脑内化学物质的分泌,维持脑内化学物质的平衡,缓解情绪紊乱。

抑郁障碍

从临床上来看,影响儿童和青少年情绪抑郁的病症有好几种,如重性抑郁障碍(Major Depressive Disorder),持续性抑郁障碍(Persistent Depressive Disorder),经前烦躁抑郁障碍(Premenstrual Dysphoric Disorder)。在现实生活中,家长、老师、同伴们、儿科医生和心理治疗师还会遇到一些情绪异常的儿童或青少年,这些孩子极其容易发怒,脾气暴烈,几乎每天都是坏脾气,而且平均每周至少出现3次或3次以上勃然大怒的状况。2013年,美国精神医学学会在《精神疾病诊断和统计手册》第五版中首次将这种以前没法归类的病症定义为"破坏性心境失调障碍"(Disruptive Mood Dysregulation Disorder,DMDD),归类于抑郁障碍之中。

破坏性心境失调障碍

破坏性心境失调障碍的症状通常在10岁之前就出现,不过只有6岁以上的儿童或18岁以下的青少年才能给予该诊断。"破坏性心境失调障碍"是一种新的疾病分类,估计患病率约为2%～5%(APA,2013),患有这种障碍的儿童和青少年在成年后罹患抑郁障碍或焦虑障碍的风险可能会增加,研究人员正在探索这种疾病的危险因素和脑功能机制的变化。

重性抑郁障碍

人们对重度抑郁症并不陌生,患者在大部分的时间里会感到悲伤、沮丧、空虚、乏力、睡眠不佳、诸事不感兴趣、人生没有价值,因而觉得内疚,甚至绝望。他们食欲不振或过分饮食,体重发生明显变化。但是儿童的表现略有不同,儿童更多地表现出烦躁不安、沮丧、易怒,经常对家庭成员、小伙伴和老师发脾气。尽管有些孩子可能因为食物摄入增加出现体重增加的情况,但更多孩子表现为食欲不振,无法达到与年龄相符合的身高体重标准。

对治疗师而言,除了聆听来访者对情绪抑郁的主观报告外,还需要客观观察一些重要的指症,即重性抑郁障碍患者经常会流泪,男女老少都会因说不清楚的原因而每天伤心流泪多次。也就是说,当来访者会经常流泪的话,需要进一步评估他们抑郁的严重性。

一旦儿童和青少年患有重性抑郁障碍,他们会像成年人一样感到无助绝望,产生自杀的念头。因此,向儿童和青少年直接询问有关死亡和死亡的想法十分重要。有时,人们可能会害怕询问自杀的问题,视谈论死亡为禁忌,因而有可能错过极其重要的症状,出现不敢设想的后果。如果经过询问,发现患者确实存在自杀意念,则应即刻进行自杀风险评估,并采取适当的安全措施,以防悲剧的发生。

持续性抑郁障碍

持续性抑郁障碍由慢性重性抑郁障碍与心境恶劣障碍合并而来。就儿童和青少年而言,其特征为:一年的大多数日子里、一天的大多数时间里,患者表现为情绪低落或易怒、食欲不振或暴饮暴食、睡眠障碍、精力不足、疲劳、自卑、注意力不集中和决策困难等，有时会出现绝望感。与许多其他疾病一样，这些症状群影响了儿童和青少年在社会关系、家庭、职业和学业等多个领域的日常运作，即使在欢乐的环境中，患者也高兴不起来，对日常活动没有兴趣，以前所热衷的事情也不想参与。他们无症状的时间在一年内都不会超过两个月。

研究显示，父母分离、重要亲友的丧失等事件对持续性抑郁障碍患者来说都是重大的危险因素（APA，2013）。

认知行为疗法（CBT）对抑郁障碍的治疗非常有效，对于儿童和青少年，若将艺术和游戏疗法融入其中则效果更为显著。情绪低落、无助、烦躁不安和易激惹等通常是心理治疗的主题。比如，治疗师与儿童一起画"龙"或表演"龙"时，起初孩子们会称自己画的龙或表演的龙为"垂头丧气的龙"。随后，治疗师鼓励孩子们创造一条新的、更强壮的"健康之龙"来征服"垂头丧气的龙"。又比如，有的孩子会画一些"昏暗的乌云"来表示内心的抑郁，治疗师就启发孩子们一起想像控制天空云彩的"健康策略"，与其共同制作天空的"协助之云"。"协助之云"与"昏暗的乌云"相互交织，布满天际，倾盆大雨从天而降。雨后，乌云散去，晴空万里，孩子们的心情也愉悦起来。再比如，戏剧表演对抑郁症的治疗也十分有趣且有效。儿童和青少年们可以自编自导一些戏剧，先演一些整日愁眉苦脸的抑郁症患者，然后再让他们自己扮演如何运用各种方式方法来应对抑郁情绪。刚开始时，孩子们可能想不出什么方法和策略抵抗抑郁的折磨，治疗师就与大家一起开动脑筋，集思广益，寻找各种行之有效的方案。孩子们在戏剧表演之中逐渐将这些行动方案内化成自己的想法与行为，起到改善抑郁情绪的功效。

传统的谈话疗法、叙事疗法都有助于抑郁障碍患者疏泄抑郁情绪,帮助他们摆脱心理障碍的桎梏。比如,在谈话时,让青少年们设想:假如一个人没有受到抑郁障碍的影响,那将是一种怎样的体验?青少年对这种叙事疗法普遍反应良好,因为他们不想被某种观念或某种偏见来定义自己,轻松自如的想象能增进他们的动力。

无论是何种类型的抑郁障碍,当症状严重影响儿童和青少年的社会功能时,当抑郁情绪危及患者的生命安全时,医学和药物的治疗都是不可忽视的重要举措。

焦虑障碍

儿童和青少年可能表现出不同的焦虑形式,如分离性焦虑障碍、选择性缄默症、特定恐怖症、社交焦虑障碍、惊恐障碍、场所恐怖症、广泛性焦虑障碍以及物质/药物所致的焦虑障碍等。

分离性焦虑障碍

因分离而产生的过分强烈的情感反应和反常行为提示着孩子们承受了巨大的压力,存在着与焦虑相关的更多的原因或潜在疾病,可能是分离性焦虑障碍(Separation Anxiety Disorder)或其他需要及时治疗的心理疾患。

当儿童和青少年与他们的父母或关系密切的照顾者分离后,有可能出现明显的困扰,表现出认知、情绪、行为和生理方面的不适症状,极大地影响他们的生活、学业或社交功能。

比如,有的孩子刚踏入托儿所或幼儿园的大门时,就拉着家长的衣角哭闹着不愿进去;有的孩子只要走到学校附近,就吵着要回家;有的孩子在上学的前一天晚上苦恼不堪,流泪哭泣,哀求着不要送他们去学校;还有的孩子被强行送进学校,但他们在学校里没有学习的动力与兴趣,坐立不安,神情恍惚,甚至出现头痛、胃痛、恶心和呕吐等症状,老师不得不请家长接他们回去。

还有一种常见的情境是孩子自出生后一直与父母生活在一起,忽然有一天,父母离开他们外出打工,长期不回,留下他们与祖父母一起生活。或是相反,孩子自出生后一直由祖父母养育,几年后,对他们来讲已是完全陌生的父母突然接他们去另一个不熟悉的地方生活,这些孩子离开依恋对象后会出现食欲不振、睡眠不良、噩梦惊叫和头痛胃痛等焦虑反应。更为严重的是,在某种情境下,小孩子会气喘心悸,呼吸困难,似有晕厥的症状。

在日常生活中,好多家长或主要照顾者们对孩子与亲人分离后的反应不以为然,认为只是小孩子耍脾气。事实上,孩子们到了一个陌生环境会感到紧张恐惧,不愿离开亲人,不愿上学。孩子与亲人分离后所表现出的悲伤和失落感是常见的,可以理解的,不能置之不理。家长需要关注孩子们的情绪波动。在新环境里,家长需要花时间帮助孩子适应环境,向孩子们提供结交新朋友的机会,提高孩子们的自我认知能力,增强自信与自尊。

那些具有分离性焦虑障碍的儿童和青少年在心理治疗时,经常会反复谈及欺凌、破坏、损失、疾病或死亡等主题。进一步了解后,如果发现孩子在学校里被欺凌,家长应与学校老师、咨询员或校长联系,多方联动,一起阻止欺凌行为。

治疗师还可能发现分离性焦虑障碍的孩子确实经历或目睹过各

种形式的天灾人祸,诸如暴力、疾病、战争、被绑架、饥荒、贫穷、火灾、地震、盗窃和死亡,他们经常担心这些灾难会降临到自己所依恋的、最亲近的父母或主要照顾者身上;或者当他们面对危机时,他们担心自己最亲的亲人不在身边,不能保护他们。

若发现儿童和青少年的分离性焦虑障碍的临床症状持续 4 周以上,严重损害其在学校、社交和生活等领域的功能,而且不能用其他精神疾病来解释时,那就可以作出分离性焦虑障碍的诊断(APA,2013)。

选择性缄默症

选择性缄默症(Selective Mutism)常出现在儿童刚进入学校教育系统的阶段。尽管大多数患有选择性缄默症儿童在发病初期就得到帮助,但在某些情况下,少数儿童直至青春期都没能获得恰当的重视与治疗,致使这些年轻人在学业、就业和社会功能方面造成严重的负面影响。尽管这些孩子在亲密的家庭成员面前,或在其他熟悉的情况下完全有能力正常说话,但到了某些特殊情境下却不能开口说话。倘若儿童或青少年的选择性缄默症状超过一个月,那应该考虑是否患有选择性缄默症。选择性缄默症的发病率很难估计,约为 0.03%～1%(APA,2013)。

特定性恐怖症

有些儿童和青少年在遇到某些特定的情景时会产生显著的害怕或焦虑,出现特定性恐怖症(Specific Phobia)。比如,一些儿童或青少年在坐飞机、坐火车、坐汽车、登上摩天大楼、接受注射前或已经进入该情景时,或者看到特定的事物,如小昆虫或害怕的动物时,会哭闹、流泪、发脾气、依恋亲人、想逃跑或是惊呆麻木。孩子们的这种强烈恐惧反应通常与实际的危险度和所处的社会文化环境不相符合,而且这种害怕、焦虑和回避通常持续半年以上。据估计,约有5%的儿童和16%的13至17岁的年轻人会发生特定恐怖症,发病年龄为10岁左右。

治疗师除了与儿童和青少年个别探讨为什么他们会如此恐惧的原因外,还需要与家长一起分析追踪恐惧的触发因素,了解孩子们的发病史。幼小的儿童可能不知道或不记得曾经经历过的恐怖事件,但在游戏与艺术的创作过程中孩子们会不经意地将自己的创伤经历描绘出来。

社交焦虑障碍

社交焦虑障碍(Social Anxiety Disorder)即在一种或多种社交场合中,个体面对可能被他人审视的情境而产生显著的害怕或焦虑。

儿童的社交焦虑症状与成年人不同,也与他们平时的害羞状态不一样。他们哭闹、发脾气、惊呆、依恋他人、退缩,有的孩子甚至不敢在社交场合中说话。儿童和青少年的社交回避,或者在社交场合中出现恐惧害怕的实际状况,往往与社会文化环境所造成的实际威胁不相符合。在临床上,如果儿童和青少年出现上述症状达到6个月或更长的时间,才考虑是否患有社交焦虑障碍。

惊恐障碍

惊恐障碍(Panic Disorder)是折磨许多儿童和青少年的一种焦虑障碍,它的症状与成年人的惊恐症状相似。他们在平静的状态下,或在焦虑情绪下,都有可能反复地突然出现不可预期的惊恐发作,心悸、气短、窒息感、恶心想吐、晕厥,害怕自己会失去控制而发疯,甚至出现濒死感。

惊恐发作之后,患者会担心自己将遭受更多的惊恐袭击,因而改变了自己的行为,试图避免类似状况的再度发生。

值得注意的是,惊恐障碍诊断时必须鉴别惊恐发作是否因其他潜在原因所致,如药物、毒品所产生的生理效应,或是某些躯体疾病、其他精神障碍所引起的症状。

儿童惊恐障碍的发病率相对较低,估计14岁以下儿童的发病率低于0.4%。在某些环境文化中,如亚洲、非洲和拉丁美洲,其发病率似乎更低,约0.1%～0.8%(APA,2013)。

场所恐怖症

场所恐怖症(Agoraphobia)是焦虑障碍的一种,指人们在自认为不安全的、且无法轻易逃脱的情境下出现的严重焦虑症状。那些被认为不安全的环境或场所多种多样,如乘坐飞机或其他交通工具,处在空旷的或封闭的场所,停留在拥挤的购物中心,独自一人离家等。当人们在某处发生焦虑惊恐之后,以后每次进入该情境几乎都会出现惊恐症状。场所恐怖症的表现与大多数焦虑障碍相似,其恐惧程度与实际情况不成比例。在一般人不会感到紧张的环境下,场所恐怖症患者却会在那些不熟悉的环境中感到惊恐万分,感到自己无法控制情境,并有逃离的想法。严重者惊恐发作之后甚至不愿离家出门。

虽然儿童也可能出现场所恐怖症的表现,但总体而言,儿童场所恐怖症的发病人数比较少(APA,2013)。

广泛性焦虑障碍

所有的儿童和青少年都有可能感到焦虑,这是个体成长的正常部分。然而,有时候似乎并没有什么真正的诱因,年轻人却会担心灾难降临,忧虑和恐惧持续不能消除。他们担心尚未发生的事情,他们也担心过去的行为、人们对自身的认同感、自己的能力以及在学校里的表现等。这种担忧严重干扰了他们的正常活动。孩子们有可能出现紧张、焦躁不安、易怒、易疲劳、注意力难以集中、精神萎靡、肌肉紧张或睡眠障碍等症状。如果儿童和青少年出现多种焦虑症状，并持续了半年或更长的时间，那需要请心理学专家或精神科医生进行诊断，以确定是否患有广泛性焦虑障碍（Generalized Anxiety Disorder，GAD）。

广泛性焦虑障碍是一种心理健康问题。有研究指出，它可能是由生物学和环境因素共同作用而引起的情绪障碍。大脑中化学物质的失衡很可能是致病因素；焦虑的遗传性倾向也不罕见，若父母患有焦虑症，他们的孩子更有可能患有焦虑障碍。广泛性焦虑障碍也可能从家人或其他人那儿习得。比如，若父母非常害怕小动物，孩子也可能会对小动物感到害怕、焦虑，随着时间的流逝，孩子的担心目标会转移，以前所担心的某件事渐渐地转为担忧另一件事。

儿童和青少年焦虑障碍的治疗取决于年龄、症状的严重性、认知发展水平和整体的健康状况。倘若焦虑障碍在发病早期未经治疗，那么，随着孩子们的成长，病症可能变得更糟，成为长期的心理障碍。

认知行为疗法是焦虑障碍最为常用的治疗措施。艺术与游戏心理治疗对儿童和青少年十分有效，孩子们可以在轻松愉悦的环境下做出认知与行为的改变。放松疗法和正念技巧也被广泛使用，它们可以帮助年轻人学会从生理和认知上使自己平静下来，将沉浸在焦虑中的负性思维模式引导到当下的现实情境，更好地管理焦虑情绪。

主观情绪困惑量表（Subjective Units of Distress Scale，SUDS）是儿童和青少年乐于参与的一项评估活动。如图 8-1 所示，该量表犹如一个体温表，由儿童和青少年自行评估自身的情绪状况。比如，情绪平和安宁为 0 分,他的情绪就位于体温表的下端;有点担心或难过,但仍然能够运作则为 30 分,表示情绪温度已经上升;强烈的不适感为 60 分;极度焦虑和绝望,且无法应对为 90 分;最为糟糕的是心烦难耐到极点,已不能发挥各种功能,处于崩溃的边缘,情绪升到最高点了,那就是 100 分(Wolpe,1969)。SUDS 的建立有助于儿童和青少年在治疗过程中发挥主人翁的态度,自我跟踪治疗过程的情绪路线图,从中发现自己管理情绪的能力和进展。

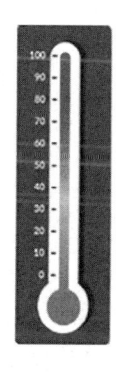

100: 难以忍耐的心烦,以致不能正常运作,处在崩溃的边缘
90: 极度焦虑和绝望,无助且无法应对
80: 担心和惊慌,注意无法集中,感到体内的焦虑
70: 不适感占主导地位,难以维持正常的效能
60: 中度至强烈的不适感
50: 心烦意乱,但仍能运作
40: 轻度至中度的焦虑和担忧
30: 担心或生气,但仍能运作
20: 有点悲伤或苦恼
10: 没有痛苦,机警而专注
0: 安宁,非常平静

图 8-1 主观情绪困惑量表(Subjective Units of Distress Scale)

对于儿童和青少年的焦虑障碍,家庭和学校联动性治疗是不可或缺的。

家长在任何治疗中都起着至关重要的作用,家长的焦躁会直接影响孩子们的情绪。因而,家长可以与孩子们一起学习管理焦虑情绪与相关疾病的方法,建立家庭的健康生活模式。孩子们可以向家长传授他们所学到的各种技能,并邀请家长在他们忘记如何管理情绪时给予"提示语"。家庭的协作和以儿童为中心的情绪管理方法对治疗焦虑障碍非常有效。

学校组织的一些情绪管理团体支持小组通常很受学生欢迎。当下多数学生都携带手机或电子设备,他们可以上网学习放松练习或正念训练,帮助自己在遇到困难的情况下进行自我放松,自行平稳自身的情绪。网络上还提供了许多应用程序和众多的抗焦虑信息与服务资源,能帮助青少年应对焦虑和恐怖症,增进心理健康。

无论是特定恐怖症、社交焦虑障碍、惊恐障碍、场所恐怖症抑或广泛性焦虑障碍,当焦虑障碍的病情严重并导致患者的社会功能明显受损时,那就需要药物和医学干预。

强迫与相关障碍

强迫症(Obsessive-Compulsive Disorders)是一种精神障碍。当一个人难以控制地反复执行某些程序仪式,作出某种强迫性行为;或是感受到反复的、持续性地、侵入性的和不必要的想法、冲动或意向,形成强迫性思维,且这种强迫状态每天超过一小时以上,引起显著的焦虑或痛苦,对日常工作的多个领域(如学校、家庭、社会互动或娱乐活动等)都产生重大影响时,可考虑诊断为强迫症。

2013年,美国精神医学学会在《精神障碍诊断与统计手册》第五版中,将原来归属于焦虑障碍的强迫症单独分类出来,与躯体变形障碍、囤积障碍、拔毛障碍、抓痕障碍、物质/药物所致的强迫与相关障碍,以及由于其他躯体疾病所致的强迫与相关障碍一并归为一个新的分类,即强迫与相关障碍,其中强迫症、躯体变形障碍、拔毛障碍和抓痕障碍在儿童和青少年中并不罕见。国际强迫症基金会的资料显示,每200名儿童中就有一个人患有强迫症,约25%的强迫症患者在

14岁前就发病（APA，2013）。

儿童和青少年的强迫症变异性较高，因为症状的表现形式会随着时间而改变。除了常见的反复洗手、反复盘点东西以及检查门是否被锁上等症状外，有的孩子会不可遏制地数自己的脚步，而且规定自己必须以右脚踏进各种门，无论是校门、教室门或是家门；也有的学生认为自己的衣服、书本和文具用品等都有可能在学校染上细菌或病毒，因而回家后必须清洗所有的东西，以致他无法正常做作业和正常生活。

通常，家长和一些与孩子关系比较密切的成年人会注意到儿童或青少年的强迫性行为，但是孩子们潜在的强迫性思维可能被忽视。比如，一些儿童和青少年具有强烈的完美主义，容不得半点瑕疵与不确定性；也有的年轻人表现出过高的"责任感"；或过高地估计将面临的"威胁"，家长常觉得孩子们这类行为无可非议，忽视了孩子们的强迫性思维的征兆，贻误了早期干预和治疗的时机。

患有躯体变形障碍的儿童和青少年常表现出对自己外貌上一个根本不引人注意的微小缺陷或瑕疵而耿耿于怀，总觉得人们在审视他/她，因而反复照镜子，反复修饰，内心非常痛苦，以致不好意思外出见人，严重影响学习、社交与生活。

拔毛障碍

有时人们可以看到一些孩子的头上光秃秃的一小块，没有一根头发，而其他部分头发很正常。这是因为这些孩子会无意识地拔头上某个部位的头发。他们会一面看书做作业，一面拔头发。等他们回过神来，才发现自己头上一小块头发已经全部拔光。这是拔毛障碍的表现形式，详细了解后可发现他们内心非常焦虑，他们越焦虑，拔头发的症状越显著。

抓痕障碍

类似于拔毛障碍,这些年轻人会无意识地抓自己身体的某个部位,甚至抓到皮肤出血,瘢痕累累。抓痕的严重程度也与焦虑相关。

强迫症的发病原因至今仍不明确,似乎与家族史相关,若父母或其他家庭成员患有该疾病,会增加儿童或青少年患强迫症的风险。强迫症也可能是人体自身化学物质或大脑功能变化的结果;或许是通过观察他人的行为而习得;紧张的生活、创伤经历或精神疾病都可能诱发强迫症(Mayo Clinic, 2019)。

儿童期和青春期的强迫症发作会严重干扰个体的成长发育、社会功能及教育成果,因此早期干预和治疗至关重要。在儿童和青少年的强迫症治疗中,心理治疗可减少患者的仪式性行为。家长的介入也是治疗成功的重要因素。家长对孩子强迫性行为的观察与详细记录有助于为孩子设定正向的、合适的替代行为提供依据,以减少强迫症对年轻人的影响。

认知行为疗法一直被认为是治疗强迫症的有效措施,其中针对强迫症的暴露与反应预防疗法(Exposure and Response Prevention, ERP)已在临床上获得广泛运用。

所谓暴露和反应预防疗法,是指接受过专业培训的精神卫生专业人员为强迫症患者所制定的一系列受控训练。在这些课程中,治疗师将患者逐渐暴露于会引发其强迫症状的情境,一旦"焦虑"或强迫症状被"触发",患者在治疗师的指导下,做出非强迫行为的反应。随着时间的流逝,患者逐渐学会对这些触发因素做出替代性反应,从而促使强迫症发作的频率与强度降低,症状减轻,或者症状消失(国际强迫症基金会,第2版)。

儿童和青少年对认知行为疗法与暴露—反应预防疗法的反应与成人一样,只是治疗师尚需根据儿童和青少年的具体情况量身定制专门的术语、概念和练习内容,并用孩子们可以理解的语言来表达。由于治疗涉及暴露,因此在治疗前,治疗师会与家长和孩子一起讨论治疗原理与方法,让他们理解到强迫症状源于大脑某个特定区域的结构和化学功能的异常,暴露和反应预防疗法实际上是一场与强迫症作战的过程,要让新的认知行为模式来打败旧的强迫性思维或行为模式。在"作战"初期,可能会出现很难受的糟糕状态,这实际上是"黎明前的黑暗",是成功前的预兆。儿童和青少年都很乐意在治疗中有机会、有能力掌控治疗进程,可让他们根据自己能够接受的焦虑程度与痛苦状况来选择初始的暴露情境。治疗师帮助他们学习有效的放松技巧,树立信心,以做好应对暴露的准备。

每次暴露治疗后的反馈性讨论将有助于治疗的完善与疗效的提高。

学校相关人员加入儿童和青少年的强迫症治疗团队也很重要。老师与家庭成员共同协作,聆听孩子们的心声,分享他们在治疗时学习到的知识和技能,积极互动,增强年轻人的自我恢复动力,增进其与疾病奋战的勇气,同时注意维护他们的自尊心。

强迫症状较为严重的患者需要药物治疗和心理治疗双管齐下,药物的控制能为心理治疗的实施创造环境,心理治疗也为药物的合理服用提供条件。一些治疗强迫症的药物在使用初期可能会因副作用而出现不舒服的感觉,而药效通常需要几周才能显示。因此,治疗师需与临床医生密切协作,指导患儿在医生的监督下合理服用药物,以达到疗效最大化。

进食障碍

神经性厌食和神经性贪食

神经性厌食(Anorexia Nervosa)和神经性贪食(Bulimia Nervosa)是众所周知的两种进食障碍 Eating Disorders,分别涉及限制进食或暴饮暴食的不健康进食模式,它们严重影响了儿童和青少年的身心健康,引致社会、学业、职业和其他功能受损。这两种疾病似乎都在青春期达到顶峰,若不加以识别,缺乏适当治疗,将对个体的成长发育和成年后个人潜能的发挥造成严重影响。

厌食症与贪食症均与进食问题相关,都会出现身体的自我形象失真,且以不健康的方式来减重。两者的主要区别在于,厌食症是一种自我饥饿综合征,出现体重显著减轻;而贪食症表现为在短时间内吃了过多的食物,然后使用其他方法来防止体重增加,如自我催吐、滥用泻药、过度锻炼等。

年轻女性中,厌食症的患病率约为 0.4%,似乎高于男性;贪食症患病率约为 1%~1.5%(APA,2013)。

暴食障碍

暴食障碍(Binge-Eating Disorder)作为一个新的进食障碍类别被纳入《精神障碍诊断与统计手册》第五版,它被定义为反复发作的暴食,其特征为在一段固定的时间内,进食量明显多于大多数人在类似情况下进食的状况,其发作时缺乏控制能力。大量进食之后,个体会感到内疚、尴尬或厌恶自己的行为。

暴食症与贪食症的最大区别是：暴食症患者不会强迫自己清除刚刚吃下的食物；而患有神经性贪食症的人在进食后会设法排空腹中食物。

进食障碍的最佳治疗方案是团队联动性治疗，团队成员包括家长、与年轻人关系密切的其他成年人、老师、学校辅导员、心理卫生工作者、社工和医务工作者等。开展心理教育，提高家长和相关人员对进食障碍的认知则是心理治疗的首要任务，只有在充分认识疾病的症状后方能帮助患者重塑自我形象。倘若父母或家庭成员中也有饮食失调的行为表现，需鼓励他们也要积极寻求适当的治疗。

进食障碍的治疗重点是控制疾病的发作，纠正相应的负面身体意象和对进食或食物的负面认知，提高患者的自尊和自我控制能力。在极端情况下，如果患者体重过轻，严重缺乏营养时则需要住院治疗，补充营养，维持身体健康。

团体心理治疗在应对进食障碍时效果显著。一些具有相似症状的年轻人可以在团体支持小组里自由谈论自己的纠结与痛苦，分享各自的经验，相互支持，积极改善进食状况。

创伤与应激相关障碍

创伤与应激相关障碍（Trauma and Stressor-Related Disorders）是一组关于个体经历了重大压力和创伤事件后所出现的精神疾病，包括反应性依恋障碍、脱抑制性社会参与障碍、创伤后应激障碍、急性应激障碍和适应障碍等,这些精神障碍严重影响了儿童和青少年的日常生活和社会功能。

反应性依恋障碍

研究显示,在被严重忽视照顾的儿童中约有10%的人被确诊为反应性依恋障碍(Reactive Attachment Disorder)。

反应性依恋障碍有抑制型和脱抑制型两种。所谓抑制型反应性依恋障碍,是指患者的社交能力及其发展明显受阻,在大多数情况下他们都无法恰当地启动或回应社会交往的信息,与同龄人或其他熟悉的人的社会交往和情感反应也很少,表现出持续的、抑制性的情感退缩行为模式,即便在痛苦不适时也很少向成人照顾者寻求安慰。

反应性依恋障碍的发生与儿童遭受了极度的被疏忽或照顾不足的经历相关,他们没有机会或极少参与社交活动,也无法从成人照顾者那里获得安慰与激励。频繁更换照顾者,令儿童没有充足的机会去发展形成安全稳定的依恋形式。这些症状通常在儿童的发育年龄9个月之后、5岁之前就已明显表现出来(APA,2013)。

脱抑制性社会参与障碍

在2013年《精神障碍诊断与统计手册》第五版中,"脱抑制性"反应模式被认为是一种独立的诊断疾病,称为"脱抑制性社会参与障碍"(Disinhibited Social Engagement Disorder)。患有这种障碍的儿童会以某种与其文化背景不相适宜的、怪异的"自来熟"语言或肢体行为与陌生人打交道。他们会毫不犹豫地跟着陌生人走开,既不知会父母或照顾者,也不回头看他们(APA,2013)。究其原因,通常可以发现这些孩子曾严重缺乏被照顾和被关爱的基本情绪需求,生活在不稳定的或恶劣的成长环境之中,致使他们社交能力的发展受阻。

第八章 青少年的心理障碍与干预原则

创伤后应激障碍

并非只有成人才患此病,6岁以下的儿童也会呈现创伤后应激障碍(Posttraumatic Stress Disorder,PTSD)的症状。一些直接经历了创伤事件或亲眼目睹了父母或照顾者遭遇创伤事件的幼小儿童,在事件发生后会产生创伤事件反复的、非自愿的、侵入性的痛苦记忆,或在游戏中显示出来。他们也会反复做与创伤事件相关的噩梦,或在睡梦中惊叫。在严重的状况下,他们会出现意识的分离,表现出对当前环境完全丧失意识。

幼小的孩子一般难以用语言来表述自己所经历过的创伤,但他们在游戏和艺术心理治疗过程中能用自己的方式来描述所经历的创伤事件。比如,有儿童在玩乐高积木时,用手倒拿着乐高小娃娃,告诉治疗师他非常害怕那位照顾他的大人再将他倒提着双脚拎到窗外,威胁着要把他扔下大楼;也有小女孩在绘画时画下爸爸把妈妈打得满脸是血,还扬言要拿刀杀她妈妈;还有小孩子看到游戏室内的汽车和医疗玩具就惊恐,因为她目睹了父亲遭遇意外车祸,重伤不治的痛苦情景。

曾有名8岁的男性儿童,在心理治疗时突然瘫坐在地上,双眼滞呆,与他说话完全没有反应。治疗师双手在他眼前摇晃,他双眼不眨,意识分离。过了几分钟后,他才缓过神来,但对刚才发生的一切全然不知。这种意识分离性反应在他经历创伤后曾多次发生。

6岁以下儿童的症状表现略有差异,他们较少用言语表达创伤事件,而是反复玩与创伤事件相关的游戏来重现创伤事件;他们经常做可怕的噩梦,但时常无法回忆梦境的具体内容。

受创伤儿童会出现认知上的改变,恐惧、悲伤、易激惹、难以集中注意、睡眠障碍以及持续性地回避刺激。

青少年的 PTSD 诊断标准基本上与成人的诊断标准相同,在直接经历了创伤事件,或亲眼目睹发生在他人身上的创伤事件,或获悉与自己关系密切的家人或朋友经历了暴力事件并受到死亡威胁后,他们产生了与创伤事件相关的侵入性症状,尽量回避会唤起创伤事件的痛苦记忆,出现认知、心境和行为方面的负性改变。

值得注意的是,DSM-5 对创伤定义的首要条件是"实际的或被威胁的死亡,严重的创伤或性暴力"(APA,2013)。按照此定义,不涉及对生命或身体造成直接威胁的压力事件,如失业或离婚等重大心理压力事件不属于此类。

急性应激障碍

急性应激障碍(Acute Stress Disorder,ASD)的症状与创伤后应激障碍(PTSD)的症状重叠。ASD 是指在创伤事件发生后立即出现的初始创伤症状,持续时间为 3 天至 1 个月。而 PTSD 是指创伤事件引致的长期后果,一般在 ASD 之后,症状持续了 1 个月以上才能诊断 PTSD。也有些案例在创伤事件之后没有立刻寻求帮助,待症状持续超过 1 个月才就诊,那就直接诊断为 PTSD。

适应障碍

适应障碍(Adjustment Disorder)的特征是个体在生活中经受了可识别的、特殊的压力之后的 3 个月内,表现出显著的情绪变化或行为改变,令其社交、工作和学业等重要功能受到明显损害。

决定适应障碍严重程度的关键是个体的适应功能问题,而不是应激源的严重性。当适应障碍患者遇到某种压力时,他们显著的痛苦与应激源的严重程度和强度不成正比。在通常情况下,一旦应激源消除或其结果终止,这些症状不会持续超过随后的 6 个月(APA,2013)。

对儿童和青少年而言,常见的导致适应障碍的应激源为父母离婚、失去亲人、搬家、更换学校和健康状况发生变化等。当孩子们遇到这些变化出现适应困难时,他们往往先显示出躯体症状,如头痛、胃痛、睡眠不良、食欲不振、经常哭闹等。他们感到紧张焦虑,不想上学,不愿参与社会活动。

虽然部分儿童和青少年会说出他们紧张、不开心或忧虑的原因,但众多孩子的家长仍然无法知道究竟是什么事情、什么刺激因素给孩子造成了那么大的压力而出现适应障碍。作为治疗团队的成员,无论是家长、老师、学校咨询师、心理治疗师还是社工,在帮助孩子应对适应困难的过程中都需要积极参与孩子们的活动,注意他们在游戏、艺术创作、课外活动和人际交往时所展示出来的主题思想和应激源,找出症状的诱发因素。一旦明确应激源后,治疗师与家长可以针对致病因素来帮助儿童和青少年学习如何适应环境变化,向他们提供持续的、有效的支持。在召开关于儿童和青少年适应障碍的治疗与应对措施的会议时,应鼓励患儿积极参与关于他们自己的案例讨论,确保他们在会议上有发言权,这将有助于维系良好的医患关系,增进孩子的自信与参与感。

睡眠—觉醒障碍

睡眠—觉醒障碍(Sleep-Wake Disorders)包括多种症状,主要表现为睡眠不佳、疲劳和日间功能受损。睡眠的质量、时间或持续长度的不适当都会对健康产生许多不利影响。睡眠—觉醒障碍的范围很广,从失眠障碍到发作性睡病,从与呼吸有关的疾病到异态睡眠等,多种形式的睡眠—觉醒障碍都会影响儿童和青少年的健康与成长发育。

睡眠—觉醒障碍不仅是引发情绪困扰的危险因素,而且还是严重精神疾病或医学疾病的潜在警告信号。如抑郁障碍、焦虑障碍、创伤后应激障碍、躁郁症、精神分裂症,或个体遇到重大压力时,都可能出现睡眠—觉醒问题。同样,一些引起疼痛或身体明显不适的躯体疾病也会导致严重的睡眠困难。

儿童和青少年的睡眠障碍经常被忽略,如果儿童入睡困难,没有照顾者的干预就无法入睡;或者频繁的觉醒后难以再入睡,况且持续至少3个月,每周有3个晚上睡眠困难的话,可能患有失眠障碍。

睡眠—觉醒障碍需要通过全面评估才能作出准确的诊断。患者的详细病史、全面的体格检查、问卷与睡眠日志,以及临床测试等将提供有关睡眠的多方面信息,有利于诊断和治疗方案的拟定。实践证明,心理、药物与其他治疗方法相结合的综合措施能有效改善和解除睡眠—觉醒障碍。

就儿童和青少年睡眠—觉醒障碍的心理治疗而言,家长的密切配合至关重要。在治疗起始时,治疗师会鼓励家长填写睡眠记录,追踪孩子在两周或更长时间内的睡眠状况,如上床时间,持续睡眠时间,睡眠期间有无梦游、惊叫、呼吸暂停,以及觉醒次数与觉醒后的反应。有的孩子有白天午睡的习惯,因而该日志也需简要记录白天的睡眠与活动状况。

睡眠日志简单易行,当家长和青少年与治疗师一起研究分析他们的睡眠日志时,大家常有一种突然开悟的感觉,能够很快地发现问题的症结,明了最佳的应对方法,有效地消除心理焦虑。最常见的原

第八章　青少年的心理障碍与干预原则

因是儿童午睡时间过长；平时没有固定的作息时间，以及对睡眠片面的认知。毋庸置疑，健康的睡眠习惯有助于睡眠状况的改善。

在治疗时，治疗师会与儿童、青少年和家长一起讨论有关就寝时间和觉醒时间的设定，并在就寝前至少一小时将活动的刺激量降到最低，以作为对大脑准备睡眠的暗示。孩子晚上醒来时，大家保持镇定，督促孩子迅速回到床上，不进行任何刺激性对话与活动，没有特殊情况，也不要进食。

睡眠时间表比较容易制定，困难的是时间表的按时按规定实施。生活总有各种各样的变化，家长或孩子们常会忽视睡眠障碍的危险因素，未能充分重视执行睡眠时间表的规定。久而久之，睡眠障碍有可能导致更为严重的心理问题。

就青少年而言，他们的大脑正处于发育阶段，大脑皮层的前额叶是成人大脑皮层中发育较晚的部分。在青少年期，脑内的睡眠—觉醒机制在晚上稍微警觉，而早上的唤醒时间稍晚（Sleep Foundation, 2020）。也就是说，青少年晚上精神较好，早上不想起床，他们脑功能的发育尚未符合学校一早就要上课的时间安排。但是，大脑的活动功能一直在发展变化，治疗师必须帮助青少年了解他们的大脑发育，练习健康的睡眠习惯，发展有效的应对策略，适当管理睡眠时间以获得足够的睡眠，使个体发挥最佳功能。

此外，青少年睡眠困难的根源多样，常与焦虑担忧相关。年轻人的同伴关系、家庭环境不良、学业困难、身体健康以及网络上瘾等问题都会影响睡眠的质与量。

儿童和青少年的严重的睡眠—觉醒障碍时有所见，因而治疗时需要心理治疗师、家庭、学校与医疗系统的联动运作，先排除各种可能引起睡眠困难的潜在医学疾病，同时也需要进行其他心理障碍的鉴别诊断。必要时，医学、药物与心理的联合性治疗行动将有效改善睡眠－觉醒障碍。

精神分裂症

精神分裂症（Schizophrenia）属于精神分裂症谱系和其他精神病性障碍中一个主要病症，其特征为明显的认知、行为和情感障碍，导致幻觉、妄想、言语紊乱以及行为的异常。精神分裂症患者会异常地解释现实，从而损害其日常社会功能，并可能致残。目前尚无针对精神分裂症的简单的物理或实验室测试，其诊断主要依据临床症状。

幻觉

幻觉（Hallucination）是精神分裂症的常见症状。它是指在没有相应感官刺激的状况下，个体会感到一种"真实的、生动的知觉"。精神分裂症患者常具有幻听，比如听到不存在的"咚咚"声；有的病人会诉说他们看见了什么东西，比如一块红布在他眼前晃来晃去，但是实际上并不存在红布，这是他的幻视；也有病人出现幻触觉，总觉得有小虫在手臂上爬，于是使劲抓手臂，以致手臂的皮肤都被抓出血，事实上手臂上什么也没有。

妄想

妄想（Delusion）是一种思维障碍，表现出违反常规的思维，包括错误信念、病态推理与不合逻辑的判断。虽然那些想法不符合客观现实，但患者对此坚信不疑，即便把事实或已经被完全论证的理论摆在妄想者的面前，也很难动摇他的信念。

临床上常见的妄想有不同的形式,如关系妄想、迫害妄想和离奇妄想等。关系妄想是指患者把实际上与他无关的事情,坚信为与他本人相关。比如,关系妄想的患者坐在教室里,总认为有人始终盯着他看,在考察他;迫害妄想的患者一直向老师报告,有同学要谋害他,对他下毒;离奇妄想的患者会认为他有特殊能力,是天外来客。妄想类型多样,五花八门,稀奇古怪,有些妄想很容易判断,但有些妄想会令人迷惑。

言语紊乱

言语紊乱(Disorganized Speech)即言语不规则,它的特征是一系列言语异常,频繁地离题或不连贯,从一个主题迅速转移到另一个主题,谈论时一个思想与另一个思想之间没有联系,坚持不懈地重复和陈述某些词语或句子。这些言语异常会使患者与他人的言语交流变得困难或无法理解。

精神分裂症的患病率约为 0.3%~0.7%,常发作于青春期末期,男性始发于 20 岁出头,而女性稍晚一些。精神分裂症明显改变了青少年的行为举止、思维形式、情感表达、解释外部世界的方式和人际间的言语沟通,从而对青少年的成长与发展产生重大的负面影响。

当年轻人表现出奇怪的言行时,他们自己并不能认识到自己的异常,也不会寻求帮助。某些家长可能不理解病情,也有可能是担忧社会上对精神分裂症的偏见,或有困难送孩子去看精神科医生,因而贻误疾病的诊断和治疗。

精神分裂症需要医学和心理学的协同治疗,个人—家庭—学校—社会的联动性治疗模式是最佳的治疗方式。众所周知,精神分裂症会影响神经系统的通路,因而精神药物的干预是必要的,它可以减轻症状,为心理治疗创造条件。精神分裂症患者还需要学会如何识别妄想和幻觉等症状,如何有效地挑战它们,从而增强对精神疾病的适应能力。家庭成员也需要提高对精神疾病的认识,不要被民间对精神病患者的歧视与偏见所困扰,增进对患者的理解与支持。社会支持系统对精神疾病患者及其家属的协助与支持将有利于精神分裂症患者尽早回归社会。

加拿大温哥华医院与健康科学中心的心理学家兰迪·帕特森(Randy Paterson)等人编制的"新思力行"课程(The Changeways),是一项针对非住院的精神病患者或住院治疗后出院的患者所进行的团体心理治疗项目,从认知行为疗法的角度对病人进行心理治疗,一步一步地协助他们回归社会。那些患者经过每周2小时,一共10周的团体心理治疗后,心理状况得到明显改善。心理治疗和药物治疗相互辅助,使疾病得到较好的控制。

性别烦躁

所谓性别烦躁(Gender Dysphoria),是指一个人被指定的性别与自己对性别的认同不相符合,也与其外显的生物学性别特征(生殖器和第二性征)不一致,导致这个人穿着或行为方式被他人视为非内在的性别特征。这个人会产生去除自己第一和/或第二性特征的强烈欲望。在青少年早期,这个人迫切希望阻止第二性特征出现,对拥有另一种性别的第一和第二性征有着强烈的欲望。

值得注意的是:性别特征表示人体生物学和解剖结构的术语,而性别则被更多地理解为是"男"或"女"的社会建构。

第八章 青少年的心理障碍与干预原则

近几十年来，人们已经意识到性别并非只有"男"或"女"这两种截然不同的、对立的类别，事实上性别存在着许多变体，因而在西方国家的某些场所出现既不是男性也不是女性的特别厕所。

在调查儿童或青少年的性别烦躁时，不难发现社会文化与家庭愿望在孩子们性别选择上的作用。盼子迫切的家庭有可能将女孩认定为男孩来抚养；相反，渴望女孩的家庭会把男孩当成女孩来养育。

约翰·莫涅（John William Money，1921—2006）是一位心理学家、性学家和作家，专门研究性别认同和性别生物学，他主张个体的性别可以在后天培养而成。莫涅一直跟踪着一位叫雷默的孩子的成长，希望通过雷默这个案例来证明性别认同主要是学习而形成。但是，雷默变性后经历了长时间的严重抑郁，无法承受其他人为他指定的性别，最后自杀身亡。

在临床上，儿童强烈希望自己成为指定性别以外的另一种性别的现象并非罕见。比如，被指定为男孩或女孩的小朋友，无论是按照生物学的生殖器所显示的性征来指定他们的性别，或是由社会家庭的文化期望来确定的性别，他们都有可能表现出不愿意穿与自己指定性别相符合的衣服，玩与指定性别相符合的玩具和游戏，甚至讨厌自己的生殖器官和第二性征，强烈希望自己成为自己所偏好的另外的性别。

性别烦躁会导致个体多个功能的严重受损。

不过，《精神疾病诊断与统计手册》第五版明确指出，如果某些人对自己出生时被指定的性别并不认同，但这个人并没有为此产生心理上的苦恼，也没有社交、工作或其他重要方面的损害，那么，这个人就不能被诊断为性别烦躁。

据估计，青少年的诊断标准与成人相似，成年男性的性别烦躁的患病率约为 0.005%～0.014%，而女性的患病率约为 0.002%～0.003%（APA，2013）。

性别烦躁的心理治疗重点是维护年轻人的自尊与自我价值，提供有关性别烦躁的信息，对来访者表示理解，并持有同理心，这将有助于来访者如实定义自己的性别意识，并以健康的方式支持自己的性别意识。

与家庭和学校的联动性心理治疗是帮助儿童和青少年应对性别烦躁问题的重要环节。心理健康教育可以提高人们对性别认同、性别烦躁和性别差异的认识，大家一起探讨"男"或"女"究竟意味着什么？社会与家庭对这些孩子的期望是什么？什么是合理的期望？如何消除歧视与偏见？人们如何接纳和包容具性别烦躁的年轻人？

此外，家长也非常需要一些支持与帮助，他们既要开放思想，给予孩子认可与支持，也要应对自己内心的挣扎与焦虑，还要面对社会的负面舆论。

有研究表明，患有性别烦躁的人通常不是因为自己对自己生物学意义上的性别不认同而出现情绪问题和多方面功能障碍，主要原因是社会文化对他们的不认可，社会的偏见与歧视令他们经常受到羞辱、欺凌甚至暴力。倘若在一个比较开放的社会环境下，社会性别分化没有那么严格，跨性别者自然会少受一些痛苦，性别烦躁的症状会明显减轻。

物质相关与成瘾障碍

成瘾是复杂的脑部疾病和精神障碍。严重滥用毒品的人即使知道事后会引起严重后果,但仍不可遏制地继续使用酒精、药物或其他毒品。各种物质的中毒症状不同,通常会引起强烈愉悦、兴奋、增强感官刺激度或感到镇静。这些变化可以在滥用成瘾物质的即刻发生作用,并在中毒后持续一段时间。

成瘾障碍是一种重复性行为模式,长期滥用成瘾物质会出现依赖、成瘾和戒断症状。也就是说,当个体逐渐将毒品的剂量达到某个特定高度或浓度时,耐受性增高,使用量增加,并出现强迫性滥用行为。而一旦突然停止使用该物质时,患者常会出现非常不适的人体补偿性反应,导致心率降低或过速、震颤、出汗、焦虑、躁动、抑郁和恶心呕吐等戒断症状。

大脑成像的研究表明,滥用毒品患者的大脑区域发生变化,他的思维、行为和身体机能均被扭曲,导致个体逻辑判断、决策、学习和记忆等出现异常。

因此,成瘾被界定为"一种慢性复发性疾病,其特征为强迫性寻求药物与毒品,尽管这些物质会造成有害后果,但是个人仍继续使用,以致大脑发生长期变化。"(The Science of Drug Use and Addiction: The Basics, National Institute on Drug Abuse)

赌博行为的现象学和生物学与物质相关障碍有相似之处,赌博行为的激活犒赏系统也与滥用毒品类似。许多患有赌博障碍的人在赌博之前就表现出了强烈的冲动或渴望状态,而患有药物成瘾者也是如此。赌博会导致情绪兴奋,类似于物质中毒时的表现,情绪失调通常会引起人们对赌博的渴望,就像人们对酒精或毒品的渴望一样(Grant & Chamberlain, 2016)。因此,物质相关和成瘾性障碍的分类中也包含了赌博性障碍。

当人们谈论成瘾障碍时,通常不会想到儿童和青少年也有成瘾障碍,总认为这是成年人的问题,对儿童和青少年的成瘾现象未能给予较多的关注。

成瘾的行为有高度的遗传性和习得性。当家长具有酗酒、玩电子游戏、赌博和吸毒等成瘾障碍时,他们的孩子更有可能表现出成瘾行为。此外,儿童或青少年经历了创伤事件、被虐待、被疏忽、被欺凌以及家庭环境恶劣等,都有可能转向毒品来逃避现实,麻醉自己。

青年人的成瘾行为也可能受到同龄群体的影响,酗酒、吸毒、赌博和电子游戏等吸引着他们,使他们花费更多的时间从事这些成瘾性活动,借以暂时摆脱原先不稳定和不愉快的生活。

互联网的崛起与普及,使之成为人们日常生活中不可或缺的组成部分。近期的科学报告已开始关注人们对网络游戏的不可遏制的沉迷。一些儿童和青少年被网络游戏的趣味性、多样性、挑战性和艺术性所深深吸引,团体游戏还提升了年轻人在网络虚拟社会关系中的互动能力。他们将其他兴趣排除在外,花费大量时间持续不断地在线活动,导致临床上明显的损伤与困扰,从而危及其学业或工作。如果迫使他们从网络游戏中退出,他们会表现为退缩、抑郁,甚至出现自杀倾向或自杀行为。

世界卫生组织在《国际疾病分类》第11版的修订草案中,提出了"电子游戏障碍"这一概念,并将其定义为:"一种游戏行为('数码游戏'或'视频游戏')模式,特点是对游戏失去控制力,日益沉溺于游戏,以致其他兴趣和日常活动都须让位于游戏,即使出现负面后果,游戏仍然继续下去或不断升级。"就游戏障碍的诊断标准而言,其行为模式必须足够严重,导致个人、家庭、社交、学业、职场或其他重要领域造成重大损害,并通常明显地持续了至少12个月。

美国精神医学学会也将游戏障碍列入了《精神障碍诊断和统计手册》第五版的第三部分,指出"游戏者"强迫性地玩游戏,排除了其他兴趣,引致社会功能的损伤。目前,此条款仅限于互联网游戏,并不包括互联网在线赌博或社交媒体的使用,因而尚需更多的临床研究和经验来确定该病症的诊断。

成瘾会影响儿童和青少年生活的诸多方面,对于大多数人而言,个人—家庭—学校—社会的联动性心理治疗与药物治疗相结合最为有效。药物可控制对成瘾物质的渴望,缓解严重的戒断症状。

成瘾往往是人们对现实生活的一种逃避。在心理治疗过程中,关键在于确定成瘾的成因和维持成瘾的原因,帮助上瘾的人了解自己的行为与动机,解开尚未解决的心理情结。治疗师需了解这些成瘾孩子的发展潜能与特长,并与年轻人合作,制定健康的应对策略和替代性的逆转技术,以更佳的适应方式满足他们的需求,减少成瘾行为的负面影响。

网络游戏成瘾的儿童和青少年们通常非常聪明,否则他们无法过关斩将,持续战斗,沉迷其中。因而,心理治疗师需以"扬长避短"的原则,协助年轻人建立自信与自尊,提高应对压力和解决困难的能力。

儿童和青少年们可以从成瘾障碍中康复,过上正常健康的生活。

人格障碍

人格是一个极其复杂的概念,常被认为是从生物学和环境因素演变而来的行为、认知和情绪模式的特征集。尽管人们对人格的定义尚未达成共识,但大多数理论都将重点放在动机、人与环境的心理互动上。《心理学大辞典》(林崇德,2003)称人格是"个体在社会化过程中形成的给人以特色的心身组织,表现为个体适应环境时在能力、情绪、需要、动机、兴趣、态度、价值观、气质、性格和体质等方面的整合,具有动态的一致性和连续性"。

人格的复杂性自然引发了人格障碍的多样性。所谓人格障碍(Personality Disorders),是"一种持久的内心体验和普遍存在的、缺乏弹性的行为模式。它与文化期望背道而驰,在青春期或成年初期发作,随着时间的推移而持续存在,导致困扰或运作上的问题"(APA,2013)。

临床上,人格障碍划分为反社会型人格障碍(Anti-social Personality Disorder)、边缘型人格障碍(Borderline Personality Disorder)、偏执型人格障碍(Paranoid Personality Disorder)、自恋型人格障碍(Narcissistic Personality Disorder)、表演型人格障碍(Histrionic Personality Disorder)、依赖型人格障碍(Dependent Personality Disorder)、分裂型人格障碍(Schizotypal Personality Disorder)、分裂样人格障碍(Schizoid Personality Disorder)以及强迫型人格障碍(Obsessive-Compulsive Personality Disorder)等十多种。

人格障碍的许多病态特征在儿童期或青少年期就显示出来,不过,随着年龄的增长,一些人格障碍症状可能会变得越来越不明显,比如反社会型和边缘型人格障碍的特征会随着年龄的增长而消退。但是,另一些人格障碍的症状却不太可能消除,如强迫型或分裂型的症状(APA,2013)。为此,心理学家和精神科专家往往难以对儿童和青少年作出人格障碍的诊断,因为这些年轻人的人格仍在发展,还没有定型，一般到他们成年之后才能确诊。《精神障碍诊断与统计手册》第五版中明确规定，只有当个体至少18岁时才能给予反社会型人格障碍的诊断。

人格障碍严重影响了个体生活的多个领域，给他们带来极大的痛苦。儿童和青少年人格障碍的评估与诊断是一项相当复杂的工作，通常需要花较长的时间来观察和全面评估他们的认知、情感、行为、人际关系和互动模式。评估包括个人评估与他人评估，个人评估时需要了解他个人所持有的一些观点和想法；他怎样看待别人；他又认为别人是怎样看待他的；他能否对别人表示关心与体谅；他能否体验到别人对他的关心与体谅。

他人评估的目的是为了更全面地了解该青少年的行为特征，需要鉴别哪些行为是偶然的冲动性表现，哪些是持久的稳定性行为。比如，偶然出现违反社会规范和法律的行为，可能是冲动的表现。如果一贯不负责任，公然无视法规，侵犯他人的基本权利，持续心怀怨恨，长期表现出猜疑或偏执观念；具有不恰当的强烈愤怒或难以控制的发怒，经常斗殴；人际关系模式在极端的理想化或极端贬低之间变化；并常以自残自杀相威胁或反复自杀。另有一些怪异的行为，如以戏剧化、舞台化或夸张的方式来表现自我。尤为显著的是他们缺乏同理性与同情心，不会关心别人，没有内疚感。如果这些特征持续存在，那有可能是人格障碍的症状，需要进一步评估与诊断。

在进行他人评估时，还需关注这些年轻人的家庭生活环境，他们与父母或照顾者之间的关系，他们幼年时的依恋状况，他们成长时的社会环境等，以便今后能对这些青少年提供积极的帮助，改善他们的生活环境，减少不良行为的发生。

他人评估通常需要家长、家庭主要成员、学校老师、辅导员以及社区内与他们关系密切的成年人的参与,广泛收集相关信息和反馈意见。

人格障碍的表现形式差异很大,分类也有十多项。有些症状随着年龄的增长逐渐变得不那么显著,但另一些特征可能在急性发作后持续存在。

遗憾的是,人格障碍的患者经常辍学、失业,也不寻求治疗。即使他们踏入治疗诊所,临床上常见的那些边缘型人格障碍患者约有70%在治疗过程中退出治疗计划(Thomas R, Lynch)。

毋庸置疑,没有专业干预,人格障碍很可能无法缓解。但是,如何干预仍然是一个辩论的主题。

人们普遍认为,心理治疗可以改善人格障碍患者偏颇的思维、情感与行为,能缓和他们紧张的人际关系。尤其是青少年,他们正处于大脑发育期,在此期间,年轻人正在探索自己的身份,或许正在体验浪漫的人际互动,也有可能他们正面对着学业、职业的发展机会,他们憧憬着自己的未来。治疗师将帮助患有人格障碍的青少年投入到对自我的探索,发现和表达自己的想法与观念,增进对自己思维、情感和行为的意识,发展健康的人际关系,增强自尊与自信。

医疗干预也是治疗人格障碍的重要措施,症状严重时需用药物控制。

近期的研究表明,玛莎·莱恩汉(Marsha Linehan)博士开发的基于认知行为原理的辩证行为疗法(Dialectical behavioral therapy,DBT)是目前唯一有临床经验支持的治疗方法。边缘型人格障碍患者经过治疗后,能识别和改变消极的思维方式,推动积极的行为改变,减少了自我伤害和破坏性冲动行为。

非自杀式自残和自杀意念

非自杀性自残和自杀意念是两个即不同又相关的概念。过去，自残一直被认为是故意伤害自己，是自杀的征兆，是与自杀意念相关的一系列行为表现。但近二三十年来，大量的临床案例显示，非自杀性自残和自杀意念存在着一定的差异，经临床心理学界和精神医学界专业人士的共同努力，现在已对这两种行为加以区别。

非自杀性自我伤害

非自杀性自我伤害（Non-Suicidal Self Injury）是一种由个体实施的自我伤害行为，在青少年和年轻成年人中更为普遍。当人们感到心理性疼痛、内心痛苦、缺乏控制力、对周围环境感到"不堪重负"和麻木时，它成了一种应对手段，试图以躯体的疼痛来对付心理上的痛苦，或以肌肤之痛来测试自己并非麻木无知，仍然存在感觉。一些年轻人不止一次地割腕，用刀划大腿，用烟头烫自己的肢体，用手击打墙壁和其他物体以引起疼痛，甚至造成骨折等手段来伤害自己。虽然他们否定自己存有自杀的意念，但随着压力的增加，他们伤害自己的危险程度明显上升，因而难以确定这些青少年是否具有自杀倾向或意念，或者只是自残时采用了致命的自残方式而导致意外死亡。

自杀

自杀是人们在彻底绝望和无助时的解决自身痛苦的一种方法。这种痛苦已经忍无可忍，看不到任何可以解除痛苦的前景，于是人们试图了结自己的生命。世界卫生组织的统计表明，"每年有近80万人自杀，每40秒就有一个人死于自杀，还有更多的人企图自杀。自杀是全球15至29岁年轻人的第二大死亡原因"(WHO,2019)。

处于青春期的年轻人,他们的大脑正处于发育为成年大脑的最后一次重大变化期,心智日趋成熟,自我意识增强,对社会感知加深,常会思考"我是谁?""我在人生中扮演什么角色?""生命的意义是什么?"在负面情绪的影响下,成长中的年轻人常会感到自己生活中的许多事情不由他们控制,周围的成年人主宰着他们的活动。在没有其他资源或途径可以解决他们痛苦的情况下,年轻人更可能以死亡来应对面临的痛苦,谋划自己的死亡,以自杀来终止痛苦。

所以,在处理自杀案例时,治疗师需要向大家说明:自杀并不是想要结束生命,而是为了终止痛苦。"3A模式"和"4P模式"是危机干预和自杀预防时常用的简单而又实用的方式,它们能详细了解来访者痛苦的程度和自杀的计划,以便能及时干预,稳定来访者的情绪,帮助他们发现可以减轻或终止痛苦的途径,好似"山重水复疑无路,柳暗花明又一村"。

3A模式

3A即询问(Ask)、评估(Assess)和行动(Act)。

1. 询问

自杀预防工作的要点之一就是在遇到情绪异常低落的来访者时,要直截了当地询问他们在最痛苦时是否有伤害自己想法?是否有自杀计划和自杀行为?如果不直接询问,那就有可能失去至关重要的信息。

2. 评估

4P模式是自杀评估的有效方法。4P即痛苦(Pain)、计划(Plan)、既往史(Previous History)和附加情况(Pluses)。

痛苦是自杀的原因。这个痛苦有多大？持续了多久？来访者的容忍度怎样？痛苦严重，容忍度低，自杀的危险性就高。

计划是评估危险度高低的要素。自杀计划的具体内容是什么？有可能实施吗？方法是急性致命的吗？是否已定下日期？自杀计划是马上就要实施还是等待某个纪念日？如果自杀计划迫在眉睫，危险度就相当高。

既往史是询问以前是否有过自杀的行为？是否有失去亲友的痛苦？是否有过创伤经历？有无家庭成员或朋友曾自杀身亡？有无抑郁症或其他精神病症？药物治疗状况？有其他的危险因素吗？等等。

附加情况是了解当事人是否得到过家人和朋友的关怀和支持？来访者是否还有什么放心不下的事，还有需要他活下去的理由？

通过评估就可以判断自杀危险度的高低，也能确定干预的方法。

世界卫生组织将自杀危险度分为5个等级。

① 不存在：本质上无自我伤害的风险。

② 轻微：自杀想法有限，无自我伤害的行为，无自杀计划，也未尝试过自杀。

③ 中等：有明显的自杀意念，存在自杀风险，但不存在明确的自杀计划。

④ 严重：存在两项或更多项的风险因素。来访者已表述出自杀想法和意愿，并具备成熟的自杀计划及实施方式。来访者表现出认知上的偏执和对未来的绝望，或拒绝任何社会援助；曾有过自杀尝试。

⑤ 极严重：来访者已具备明确而成熟的自我伤害计划和相应的准备，存在多项自杀风险，或曾多次尝试自杀。

3. 行动

通过自杀危险性评估,如果确认来访者属于高度、严重或极严重危险时,治疗师可以按照心理治疗保密的局限性原则而不再对有生命危险的案例保持缄默,须立即向有关部门和危机干预人员寻求协助或送医院救助。不过,自杀危机报告时,应该严格把握报告的内容。在一般情况下,治疗师和危机干预人员所报告的内容只限于来访者的危险状况,而不是导致危险状态的隐私原因。

自杀与自残的危机干预尤为重要,因为人命关天。任何导致人们心理痛苦的因素都可能在自残自杀的危机中呈现,无论是家庭问题、人际关系、学业或职业的困扰、躯体疾病、被欺凌、被虐待、经历重大创伤,还是自尊受损、自信消减等都是痛苦的根源。因此,在危机干预时首先要稳定来访者的情绪,当他们不再冲动、理性恢复时再侧重于缓解痛苦和增加应对压力的能力。

自杀危机通常不是一个人的私事,需要实施个人—家庭—学校—社区的联动性治疗,多方协同努力,必要时辅以医疗干预,方能有效地帮助具自杀倾向者在不必了结生命的情况下,仍能解除难忍的痛苦。

第九章

儿童与青少年心理治疗的程序

在论及心理治疗程序之前,人们或许会疑惑:心理咨询和心理治疗究竟有什么区别?

在日常生活中,心理咨询(Counseling)和心理治疗(Psychotherapy)这两个术语通常作为同义词交互使用,但是仍存在着一些差别。有人认为,心理咨询是简短的,而心理治疗的过程比较长。但更多的心理学专业人士认为,心理咨询往往以健康为导向,咨询师协助来访者解除情绪困扰,改善沟通技巧,有效应对压力与挑战,促进行为改变,认识自我,明确自我发展的前景,增强自尊心,努力将自己调整为最佳心理健康状态。而心理治疗"通常是基于可诊断的心理健康问题而进行的治疗,如对抑郁症、躁郁症、注意缺陷/多动障碍、适应障碍等心理障碍的治疗。它是一个系统深入的治疗过程,在必要时会与精神科医生合作,采取心理治疗与精神药物的联合使用"(Rodriguez, 2011)。

对儿童和青少年的联动性心理治疗,是一项针对年轻人心理困惑与心理障碍的系统性治疗模式,治疗过程包括8~10次的短程心理治疗,但更多的是为了根本改善儿童心理健康状态而提供的较为

儿童和青少年联动性心理治疗

长期的服务。对患有心理障碍的儿童和青少年投入较多的服务,是希望能明显改善甚至治愈他们的心理疾患,为他们的健康成长铲除障碍,为家庭的和谐和社会的安稳做出努力。

儿童和青少年的联动性心理治疗过程主要包括:首次面谈,儿童与青少年心理状况评估,目标设定和治疗干预措施的制定,以及治疗效果的评估。

首次面谈

首次面谈(Intake)是来访者与治疗师的第一次会面。

在心理学中,人们有固守自己对他人第一印象的倾向。所谓第一印象,就是当一个人第一次遇到另一个人时所形成的对该人的心理形象。第一印象的精准度根据观察者所观察的人物、事物和场景的不同而不同。尽管第一印象并非总是准确,但它却是印象鲜明,记忆牢固,影响深远。即使随后有若干相反的证据,一般也较难改变第一印象。

治疗师需明白,在首次面谈中如何与来访者相遇,如何运用印象管理技能,确保来访者对自己有较为满意的第一印象,这将为治疗师与来访者的医患关系打好基础,而良好的医患关系则是治疗成功的奠基石。

良好的第一印象由众多因素组成。除了治疗师的外表、治疗场所的客观外在特征外,治疗师的人格特征、文化背景、价值观念和沟通技巧等隐形特点也会在医患关系中起着不同方向、不同程度的催化作用。然而,剖析形成良好的第一印象的复杂网状结构,其核心因素是个人的真诚,也就是治疗师的真诚。

真诚并非只是一个漂亮的词藻,它蕴含在人们的言语和非言语性语言的表达之中,而非言语性语言的权重更大。对儿童和青少年来讲,他们通常对非言语性的自然表达非常敏感,个体的面部表情、姿态和语音语调远胜于语言的陈述。比如,有的治疗师口头上说着"欢迎",但他眼睛看着文本,手指敲着键盘,儿童和青少年们或其他的来访者马上会体验到治疗师并不是真正地"欢迎"他们,尽管他说出来的言语是"欢迎"。

信任基于诚信,而诚信则由临床实践活动时的诚实性和真实性组成。"善行、责任、诚信、公正和尊重",是临床与咨询心理学工作的宗旨(中国心理学会,2007)。如何将这个宗旨付诸行动,则是每个治疗师在从业前和工作时必须思考、学习和实践的重要课题。

来访者通过预约,或别人介绍,或与接待员交谈,对心理治疗机构和治疗师、咨询师已略知一二,但许多情况下来访者是忐忑而茫然地踏进心理治疗中心的。因此,真正的医患关系或咨访关系的建立是在来访者与治疗师的第一次通话或第一次见面之时才产生。

心理咨询或治疗协议

为了确保来访者的基本权益得到尊重、维护和保障,保证心理治疗的顺利进行,同时也是为了维护心理治疗的界限,在首次面谈时需要请来访者或儿童和青少年的监护人签署一些协议,并说明治疗期间应注意的事项。尽管这些文书工作似乎与患者的心理障碍没有直接关系,但事实证明,心理治疗的规范与严谨将提高患者的信任,增进他们对心理治疗工作的认识,消除疑问,为顺利开展治疗工作铺平道路。

心理治疗与医学治疗不同,没有来访者的主观能动性,没有患者的求助意愿,没有个体的协助,心理治疗不会成功。所以,首次面谈时,治疗师会要求来访者或监护人签署自愿接受心理咨询或心理治疗的协议。

年幼儿童需由家长或监护人签署自愿接受心理治疗的协议。一般来讲,家长都愿意与孩子一起接受心理治疗,以增进孩子的心理健康。但是,仍有一些由学校转介的儿童案例,家长认为自己孩子没有问题而拒绝治疗,当然也不会签署协议。如果没有家长的认同,心理治疗工作没法进行,除非该儿童的心理问题已危及自身或他人的安全,须由危机干预部门直接进行危机干预。

青少年独立意识开始增强,通常不愿意参与成人们擅自为其安排的事项,也有可能他们自己安排了一些事项(如心理咨询与心理治疗)而不愿意让家长知晓。在加拿大某些地区,规定14岁以下的儿童需由家长签署治疗协议,而14岁以上的青少年可以自己要求治疗,不需要家长的签名。

当青少年拒绝参与心理治疗,而又确实存在某些心理问题时,治疗师可以先实施家庭心理治疗,协助家长采用适当的方式来应对孩子的心理问题。当家长的言行和沟通方式改善后,敏感的孩子们会了解心理治疗的好处,随后好奇地踏进陌生的治疗室,接受心理治疗。临床实践证明,家长的协作是青少年心理治疗成功的重要部分。

常言道,"孩子的问题通常与家长相关",此话不无道理。家长的不合情理与偏执是常见之事。针对这类案例,治疗师可以激发青少年的能动性,鼓励他们努力改善自己的认知、情绪和行为,并帮助家长来适应环境。治疗师有时会问那些青少年:"你觉得与你的家长比起来,谁更容易改变认知、情绪和行为?""当然是我!"孩子们常会毫不犹豫地回答。当孩子们的潜能被激发后,心理治疗的进程将会更加顺利。

来访者的权利和义务也是首次会谈时需要涉及的内容。来访者在预约后有权接受、改期或拒绝心理治疗。一般来讲,如取消服务,需提前24小时取消预约。24小时内的取消服务仍计为服务时间。来访者有权根据个人情况与治疗师协商和选择心理治疗方案。来访者也享有对心理治疗机构所提供的服务进行监督的权利。如果他们对心理服务不满意,他们有权拒绝心理治疗,并知道哪里可以投诉。

保密原则及其局限性

心理治疗常涉及个人隐私,因而保密原则及其局限性必须在治疗工作开展之前明确向来访者说明。隐私的保密不是绝对的,而是有局限性的,必须按照《临床与咨询心理学工作伦理守则》来执行。《保密原则及其局限性》文件之所以必须在心理咨询或心理治疗开启之前出示给来访者,是因为人们总以为心理治疗时所谈论的内容会保密,不会告诉他人。然而,当治疗师发现来访者有伤害自身或他人的严重危险时,当不具备完全民事行为能力的未成年人受到性侵犯或虐待时,以及法律规定需要披露的其他情况时,治疗师必须遵循伦理守则向有关部门报告,寻求帮助,以维护人们的安全。倘若事先没有向来访者说明保密原则的局限性,一旦危机发生,治疗师可能会处于非常困难的境地。

从另一方面来讲,心理治疗师通常是在"无条件接纳来访者"原则下训导出来的,是"以来访者为中心"的操作模式来从事心理治疗工作的,是在伦理守则的监督下以善良朴实的心埋素质为患者提供服务的，因此，治疗师也希望获得来访者和家长的尊重，因为相互尊重永远是维系良好医患关系的关键。

在首次面谈时，治疗师应把握好自我介绍的界限。一般来讲，自我介绍着重于专业履历而非私人信息。有时，来访者或家长会好奇地询问治疗师的各种私人信息，如婚恋状况、子女状况、配偶信息、个人经济条件、居住地址和人际网络等。为了维护治疗师的自身安全，治疗师公布个人信息可遵循两条基本原则：其一，治疗师的私人信息是否有助于医患关系的改善和治疗效果的提高；其二，治疗师是否愿意向外界公布自己的私人信息。比如，有的治疗师认为，自己已婚，并有子女，自己的人生经历将有助于儿童和家长们对他/她的信任，因而很自然地公布了自己这方面的个人信息；但也有治疗师认为自己是否结婚或离婚，是否有孩子纯属个人私事，不愿谈论，那么他也有权不公布自己的隐私。

在某些情况下，同一位治疗师同时担任了同一家庭中父母或孩子的治疗师，分别处理不同的心理问题，是两个独立的案例。比如，作为孩子的治疗师，他主要治疗孩子的抑郁症或焦虑症；作为家长的治疗师，他可能是处理家长在职场中的人际矛盾。虽然这是两个单独的案例，可能没有明显的相关因素，但也不能说彼此没有关联。比如说，家长不希望孩子知道他们在职场中的烦恼，孩子也不想让家长知道自己抑郁和焦虑的具体情况，虽然治疗师再三声称他会保护个人隐私，不会擅自将父母或孩子的问题告知对方，但来访者仍有可能心存芥蒂，在治疗时欲言又止，或再三强调不要告诉我爸爸妈妈，或不要告诉我家孩子。为此，同一位治疗师尽量不要同时分别担任同一家庭中父母或孩子的治疗师，即便家长认为问题不大，但治疗师必须征询青少年的意愿,以免影响治疗效果。

收集信息

首次面谈实际上与医院的预检形式相似,治疗师除了详细解释心理治疗的流程与规范,并由来访者或其家长、监护人签署协议外,其余的工作就是收集信息。在首次面谈中收集的信息越多,对往后的心理诊断和心理治疗的帮助越大。

首次面谈时需要获取第一手资料或信息。儿童和青少年的心理问题或不寻常的思维、情感和行为表现基本上由家长或学校老师提供,尤其是年纪较小的儿童,他们还不会或不能正确地表述自己的问题。尽管如此,治疗师在首次面谈时必须亲自与来访者见面,亲自与儿童和青少年交谈,最好是与来访者单独见面,以免家长在一边影响孩子坦然自如地表达他们的思维、情感与行为。许多由家长、老师或其他相关人士提供的第二手资料有可能糅合了他们的情感与焦虑,以致有的家长会对孩子的问题轻描淡写,或对孩子的问题夸大其实。因此,治疗师在首次面谈中就需面对面地与儿童和青少年交谈,尽量获取第一手信息。

首次面谈获取的信息将有助于治疗师决定来访者是否符合该机构的服务范围。如果信息不全,治疗师可以将来访者转介到适当的专家那里进行测试、体检和评估,为进一步的治疗提供依据。

在首次面谈时,治疗师还会向儿童和青少年以及他们的家长介绍治疗场所的设施,游戏和艺术创作的设备等。家长和孩子们常会惊讶地发现儿童和青少年的心理治疗是那么有趣,并非他们既往想象的那样令人生畏,这会激发来访者和家长的好奇心,消除恐惧感,增加参与的兴趣。

治疗师在首次面谈时还会了解来访者的躯体疾病与过敏史等，以防意外。比如，有的儿童和青少年患有癫痫、哮喘和重症糖尿病等，治疗师在治疗过程中需多加注意；也有的孩子对鸡蛋、花生等食物过敏，治疗师在提供小点心时必须防止过敏事件的发生。

儿童与青少年心理状况评估

儿童与青少年的心理是否正常，有两个简易的判断标准：一是纵向比较，即这个学生的思维、情感和行为与他/她以往通常的表现是否判若两人，如安静内向的学生变得烦躁不安，或开朗乐观的学生变得郁郁寡欢；二是横向比较，当某个学生的思维、情感或行为与同龄人明显不同时，则需要专家来评估他/她的心理状态是否正常。

心理障碍与躯体疾病一样都有其特殊的迹象与征兆，因年龄段差异，孩子们所呈现的心理问题也有所不同。对儿童而言，常见的心理症状为经常发脾气，焦躁不安，冲动多动，拒绝按时睡觉或不愿起床，饮食习惯发生变化，做恶梦，学业成绩不佳，甚至不想上学。

对青少年而言，出现思维混乱，长时间的抑郁、悲伤或烦躁，过度的恐惧、担忧和焦虑，经常发怒，社会功能退缩，饮食或睡眠习惯的明显变化，强烈的愤怒感，强烈的恐惧感，奇怪的想法或妄想，看到或听到不存在的东西，出现幻觉，众多无法解释的身体疾病，无法应付日常问题和日常活动，蔑视权威、逃学、盗窃或故意破坏，药物和毒品的滥用以及自残自杀的念头或行为等，上述问题都是心理障碍的警示与征兆，必须对他们进行全面的心理评估（CMHA，2019）。

心理障碍的症状通常始于儿童早期，比如，患有自闭症谱系障碍

第九章　儿童与青少年心理治疗的程序

的孩子出生后的情感反应和行为表现就明显不同于其他孩子,脾气很倔,难以抚养管教,家长会较早地寻求帮助,自闭症的早期诊断和早期治疗能获得较好的治疗效果。但是,更多的心理障碍只有在儿童上学之后才真正引起家长和老师们的关注,如注意缺陷/多动障碍、智力障碍和语言障碍等。另外,有些心理障碍虽然在儿童和青少年时期已经初露端倪,但因儿童正处于神经发育期,尚难给予定论,例如,反社会型人格障碍需在青少年满18岁后方能作出诊断。

在心理评估和心理诊断阶段,儿童和青少年自己、他们的家长、老师以及其他有关人员会提供一系列关于其思维、情感和行为的异常表现,但有时仍难以确定究竟是哪种疾病或哪种心理障碍导致了这些症状。一般来讲,心理诊断包括3个步骤:第一是身体检查,医生将尝试排除可能导致儿童和青少年所呈现症状的躯体因素;第二是实验室测试,比如检查可能引起思维、情感和行为异常的甲状腺功能或药物和毒品的影响;第三是心理评估,心理学家、儿科医生或精神病学家等专业人士会讨论这些孩子们的症状,分析他们的思维、情感和行为方式,评估时可能会要求儿童或青少年、他们的家长和学校老师填写一些问卷和调查表,更多的信息将有助于做出更恰当的诊断(Mayo Clinic,2019)。

心理测评是临床常用的方法。毫无疑问,智力测验在儿童和青少年的心理状况评估中起了重要作用。智力测验需要持有专门资质的心理学家来主持测试,尤其是被试所得分数的合理解释在他们的心理发展方面起着重要作用。因智力测验测试者的不当操作和不当解释而对儿童和家长造成重大心理伤害的事件并非罕见。

在临床上,贝克焦虑量表(The Beck Anxiety Inventory,BAI)和

贝克抑郁量表(The Beck Depression Inventory，BDI)是常用的情绪测定量表。这两份量表由被誉为认知行为疗法之父的美国心理学家亚伦·贝克(Aaron Temkin Beck)和他的同事们开发制定，以自我报告的测量方式来衡量来访者的焦虑和抑郁状况。贝克焦虑量表是一份包括21个问题的自我报告，主要询问被试在过去一周(包括测试的当天)中出现的焦虑症状的严重程度，如麻木和刺痛感，非因天气热而出汗，担心最坏情况将要发生等，用于测量17岁以上的来访者，约需5~10分钟完成。贝克青少年焦虑量表(The Beck Anxiety Inventory for Youth，BAI-Y)由20个自我报告项目组成，以三点量表评分方式来评估青少年的恐惧、担忧以及与焦虑相关的生理症状。该量表可用于7至18岁的来访者。

贝克抑郁量表是最广泛使用的衡量抑郁症严重程度的测量工具之一，它包括21个项目的自我报告评分量表，用于衡量自己的抑郁症状。1996年发表的贝克抑郁量表修订版(BDI-II)的内容与初版略有差异，也包含21个问题，每个答案的评分范围为0~3，总分越高，表示抑郁症状越严重。修改版添加了绝望烦躁、自我价值降低、难以集中注意以及疲乏、没有精力等有关抑郁症状的问题。BDI-II可为13岁及13岁以上的人群使用，它不仅在心理治疗机构内广泛运用，在社区的抑郁症筛选活动中也是简便易行的测试方法。

"心理—教育评估"是儿童和青少年心理评估的重要方面，各个学区的教育局应设有"心理—教育评估"机构。这个评估机构由心理学家组成，针对有学习障碍的学生做一系列的评估，主要测试学生的认知心理和学习能力，并依据测试所获取的信息资料，做出评估和诊断。"心理—教育评估"的重要意义在于，针对特定学生的心理状况，

第九章 儿童与青少年心理治疗的程序

提出适合这个学生的教学计划和个人发展规划,指导学生学习更多的社会技能。"心理—教育评估"还制定一些治疗措施和家长需协助的任务,以帮助该学生更好地成长,独立自主地生活。

"心理—教育评估"包括认知心理和学习能力的测试与评估,通过测试后对这些学生做出其功能受损的评估,并提出可提供帮助的方式与方法。比如,患有语言障碍的儿童可以转介到言语和语言病理学家(SLP)处进行语言治疗;眼手协调能力很差的学生可以转介到专业功能治疗师(Occupational Therapist)那里通过特殊的训练来改善其躯体协调运动能力。这些针对性的治疗能提高孩子们的自信,早期治疗的预后通常良好。

临床心理诊断的主要依据是美国精神病学协会出版的《精神障碍诊断与统计手册》(DSM)和世界卫生组织制定的《国际疾病分类》(ICD)。无论是 DSM 或 ICD 都列出了各种心理疾病的症状、对个体的伤害以及其他相关健康状况的定义,"以利于存储、检索和分析健康信息,进行循证决策。在医院、地区和国家之间共享和比较健康信息;监视疾病的发生率和流行率,观察实施和资源分配趋势,并跟踪安全和质量指南"(WHO,2018)。

在北美,儿童和青少年的心理诊断基本上以 DSM 为主,它包含了症状描述和诊断精神障碍的标准,为临床医生提供了与患者沟通的通用语言,并建立了可用于精神障碍研究的一致且可靠的诊断方法。DSM 将 150 多种心理障碍分成 20 多个类别,心理卫生专业人士可根据儿童和青少年所呈现的症状作出诊断。

儿童和青少年的心理评估与诊断必须与儿童或青少年直接面谈才能确定,不能仅仅依赖家长、老师或其他有关人员的陈述而不见当事人就给出诊断。在临床实践中，经常可以发现一些家长、老师或有关人员在描述儿童和青少年们的情感和行为表现时过分地夸大或缩小，误导了专家们的诊断。因此，心理评估与诊断必须有来访者的参与，必须亲自与来访者面谈，通常是经过数次面谈，并参考躯体检查和实验室报告之后才能给出恰当的心理诊断。

尽管DSM和LCD为各种心理障碍制定了详细的诊断标准，但是对这些标准的评定仍然是一项非常复杂的工作，因为心理障碍至今仍无客观测试或检测的方法，大量的信息仍以个人主观报告为主，这不仅需要充分了解来访者和信息提供者的文化背景、人格特征、认知能力以及他们的表达方式，还需仔细观察他们的行为举止。

就"注意缺陷/多动障碍"来讲，DSM的诊断标准为："经常无法安静地玩耍或从事休闲活动""经常讲话过多"。那究竟怎样才算是"安静地玩耍"，什么情况才算是"经常讲话过多"？家长或老师对这些概念的理解不同，给出的信息就不一样，有可能导致诊断也不一样。

来访者对心理评估与诊断的协作态度也会影响结论的准确性，尤其是一些青少年正处于心理反叛阶段，他们会故意选择某种答案来回答，于是有可能引致不恰当的诊断。

早在1972年，美国斯坦福大学心理系教授大卫·罗森汉（David L. Rosenhan）曾想知道怎样才能确定精神障碍诊断的有效性？于是他招募了7名志愿者，加上他自己共8人来扮演假病人，三女五男，分别到不同的公立或私立精神病院去看病，大家都使用假名，并声称自己一直听到"咚、咚、咚"的声音，除了这些奇怪的声音外，其他都正常。结果，所有参与实验的假病人都因幻听而住院，住院时间从7天到 52 天不等,平均为 19 天。出院时,除了一个人外,所有假病人的出院诊断栏目上都写着"精神分裂症缓解期"。

罗森汉博士的实验报告颠覆了精神疾病诊断的准确性,他于 1972 年所提出的精神障碍诊断的有效性问题至今仍是一个难题。

"作为临床医生,您的工作是找出正确的疾病,以便您可以开始正确的治疗,"纽约哥伦比亚大学临床精神病学教授迈克尔·福斯特(Michael B. First)指出,"我们的工作取决于临床医生和患者之间的真诚合作","如果患者对症状的报告不诚实,就不可能根据症状做出准确的诊断。"福斯特教授还提出了心理诊断时需注意的一些事项,强调了谨防欺诈或虚假信息。一些心理变态的人、一些动机不良者或一些为了赔偿或避免责任的人,他们并不具有心理障碍的症状,但为了某种原因他们提供了不实信息,希望成为患病的角色"(First, 2014)。

心理诊断需要收集多方面的信息,进行各种测试评估,有些诊断需要达到一定的年龄方能确定。但是,儿童和青少年因心理问题而出现的功能受损不能搁置不理,针对症状和功能受损状况的心理治疗需尽早实施,越早治疗,效果越好。

治疗永远重于诊断。

确定治疗目标和治疗计划

心理治疗是"以促进寻求服务者的成长和发展,从而增进其自身的利益和福祉为目的"(《中国心理学会临床与咨询心理学工作伦理守则》,2018)。

面对思维、情感和行为发生混乱的来访者,面对心理有症结的儿童和青少年,面对经历了心理创伤或虐待的年轻人,治疗师将思考一系列的问题:针对这位来访者,心理治疗要达到什么目的?治疗的计划是什么?自己需以怎样的治疗手段和治疗方式来解除来访者的心理困惑?如何帮助来访者减轻、减缓或消除他们的症状?又准备怎样来提高来访者应对压力的能力?如何才能充分发挥来访者的潜能?怎样做好与家长的联动?如何安抚家长焦躁的心态,改善他们的亲子关系?怎样与学校、医疗机构和社会服务机构协作联动,共同努力来帮助这位心理有问题的儿童或青少年?

心理治疗与心理咨询不同,心理咨询时可能一二次咨询就能解决一些情感、学业或人际关系问题,但针对心理障碍的治疗通常需要一定的疗程,路要一步一步地走,问题要一个一个地解决。简言之,心理治疗需要设定治疗目标与治疗计划。

治疗目标和计划的设定有两大好处:其一,治疗有了目标,治疗工作就有的放矢,朝着治疗目标努力,按照治疗计划一步一步地实施;其二,治疗有了目标,当一个疗程结束时,治疗师和来访者及其家长能对治疗工作的成效进行评估。治疗师能看到自己工作的成果,来访者能看到自己的成长与进步。心理治疗的效果看不见摸不着,但是目标和计划的设定能将那些无形的治疗效果转化为数据式的量化评定标准。这种量化的反馈信息有理有据地说明了治疗效果,显而易见地展现了来访者心理健康的增进和福祉水平的提高。当然,评定结果也有可能提示心理治疗没有达到目的,效果不佳,则需更新目标或改进治疗计划,继续做出不懈的努力。

儿童和青少年心理问题的呈现并非一日之寒,往往由众多因素

第九章 儿童与青少年心理治疗的程序

纠结累积而成。治疗师需与来访者和/或他们的家长共同探讨问题的主要方面，发现要点，抓住主要矛盾。有时，人们确实很难说出何为因，何是果，也无法权衡判断哪个问题更为重要一点，哪些矛盾才是真正的主要矛盾。尤其在治疗初期，医患双方都不可能对来访者的问题了解得清清楚楚。但在制定目标和计划时，只要治疗师和来访者或来访者的家长有了共识，就可以提出初步方案。随着疗程的进展，新的问题呈现，计划可以修订，逐步完善。

以认知行为理论为导向的儿童和青少年心理治疗通常以短期目标为主。尽管治疗师和来访者及其家长都胸怀大志，目标远大，然而对治疗工作而言，长远目标也是由许多短期目标组合而成的，治疗计划也属于短程计划。

心理治疗目标的确定并非易事，目标不合适就达不到良好的治疗效果。心理治疗目标有两大要素，即目标的针对性与现实性。

针对性

目标的针对性包含着两个方面，即治疗所针对的对象和治疗所针对的症结。比如，一些青少年对网络游戏成瘾，除了几小时的睡眠外，整日趴在电脑前玩游戏，衣来伸手，饭来张口，长期不上学、不外出、不爱梳洗、不愿与人交谈。当父母没收电脑，不再送饭递水时，这些年轻人便扬言自己宁可饿死也不屈从父母的命令。在初始阶段，这类青少年是不愿踏进心理治疗室的，初期的治疗对象应是家长，这个阶段的治疗目的和计划都是针对家长的。如果该阶段的治疗对象仍放在游戏上瘾的青少年身上，谈论孩子该做什么，那是无的放矢，无济于事，因为孩子并不在场。只有当家长对孩子的态度和沟通方式有所改善，孩子体验到心理治疗的良好效果时，他们才愿意接受心理治疗。那时,治疗才能针对那些游戏上瘾的孩子。

目标所针对的症结也是治疗成功的保障,治疗目标应该针对该阶段的重点而定。曾有一位被性侵的女中学生严重抑郁,出现了高危险度的自杀倾向。该疗程所针对的症结是自杀预防和危机干预,必要时需有医疗措施的介入。尽管性侵是根源,如果那阶段将关注的重点放在性侵的问题上,忽视了自杀预防,很有可能贻误时机,酿成悲剧。唯有在那女学生情绪稳定,自杀危险度降低,生命不再受到威胁时,治疗所针对的症结方可转为被性侵的创伤事件。

现实性

治疗目标的另一要素是现实性。

作为心理治疗的短期目标,需要现实可行的方案。如果目标可望而不可达,有可能令来访者和家长产生挫折感,丧失努力的信心。例如,家长希望患有抽动障碍的漂亮女儿经治疗后不再出现"任何"不好看的抽动或怪相的发生,试图以此为治疗目标。事实上,抽动障碍的完全根治非常困难,在短期间很难做到不再出现"任何"抽动现象,诸如"绝对消除""完全消失",不再出现"任何症状"等极端性目标是不现实的。不过,抽动症是可以治疗的,当患者焦虑减轻,压力减少,症状就会明显改善。

治疗目标的实施须有合适的计划与方案。以认知行为疗法为导向的治疗计划必须具备可操作性、可度量性、自我控制性和时间限制性。

以抽动障碍为例,其治疗目标是减少患者的抽动次数,但治疗师不可能制订"每天抽动次数不超过 10 次"之类的计划,因为抽动不受个体控制。作为可自我控制的实施方案，计划可改为患者需每天练习深呼吸等放松技术 15 分钟；或者每天练习静坐冥想 30 分钟等，以此类可操作、可自我控制且可度量的行为疗法来改善来访者应对压力的能力，学会控制焦虑的技巧。

显而易见，抑郁障碍的治疗目标是改善患者的抑郁情绪。因此，治疗计划就是将概念性目标转化成可操作的行动方案。如果治疗计划只是模糊地定为"协助来访者情绪好转"，这是操作性不明确而且无法度量的计划。作为可操作并可度量的治疗计划，应定为"一天步行 60 分钟，每天一次"，或"隔天做操一次，每次 30 分钟"，因为运动可增加脑内化学物质的分泌，改善抑郁情绪。

治疗计划可包括多项内容，比如运动、饮食、主动与他人联系、每天玩网络游戏的时间、每周一次 30 分钟的亲子交谈时间等。

短程治疗的目标和实施计划都有时间限制，根据病情和心理疾患对儿童和青少年心理功能伤害的程度，治疗师在心理治疗机构的服务条件限制下设定治疗的次数。短程治疗可定为 8~10 次，每周一次；较长程治疗可定为 26 次，每周一次的话，约为半年。对儿童和青少年而言，一个疗程的时间不能太久。儿童和青少年正处于发育成长期，各种变化比较多，时间设定太长，会影响孩子们接受治疗的动力与激情，家长也会因接送孩子而疲于奔命。但是，很多心理障碍并非半年就可治愈，时常需要更多的时间来进行督促与巩固，所以，在治疗半年之后，儿童和青少年可以暂停一段时间，让他们自我温习所学得的方法与技巧，家长也能静心思考上一疗程的治疗效果。在没有治疗师每周监督的情况下，孩子和家长可自行按照既往的治疗计划来改善认知与行为，维持良好的社会功能。若有需要，他们可以再次申请下一个疗程。

需要注意的是,具有自杀倾向或自杀未遂的儿童和青少年所需的治疗时间应根据现实状况而定。

无论是8次的简短治疗还是半年的较长治疗,经过一个疗程后,治疗师应与来访者或与儿童的家长一起商讨治疗的效果和存在的问题,为下一个疗程收集信息。

治疗目标和治疗计划的设定

如果来访者已经过明确的心理评估与诊断,为他们制定心理治疗目标和治疗计划就相对容易一些。由于信息量多,专家们已给出确定的病症,治疗师便可按照病症来制定治疗目标和计划。

然而,初次踏进心理诊所的儿童和青少年们尽管已经显现出许多问题或症状,但他们往往没有进行过任何心理评估和诊断。心理测试、体检、心理评估与心理诊断都需要时间,在最后诊断尚未给出之际,治疗师不能等闲视之,置之不顾,因为疾病的早期治疗效果较好。治疗师可以先实施减缓症状的治疗。在这种情况下,治疗目标和治疗计划的设定就有一定的难度。在设定初期治疗目标和计划时,可参考以下几个行之有效的方法与步骤。

第一,问题罗列。制定一份表格,将来访者和家长提及的各种困难详细地罗列出来,事无巨细,全都记录下来。

第二,确定问题的类别。将上述各种问题归类,如神经发育障碍、抑郁或焦虑等情绪障碍、进食或睡眠障碍等。

第三,确定问题的重要性。患有心理障碍的儿童和青少年通常会有多方面的问题,每个来访者对自己问题的严重性有着自己的评估。有时,治疗师或者家长认为比较严重的问题,但来访者本人却不以为然;反之,来访者本人认为很严重的问题,很可能在家长眼里是区区小事。问题的严重性可由1~10来划分,由来访者或家长分别对自己的问题进行重要性评估。有的青少年认为家长对他们的疏忽照顾与虐待是最为严重的问题,然而家长则认为孩子们上网玩游戏成瘾才是问题的重点。治疗师将根据自己的临床经验提出自己对问题的主次评估。

问题的重要性或严重性并非一成不变,而会随着事态的变化或来访者个人情绪与理性的转变发生改变。治疗目标和计划只是短期方案,情况一旦发生变化,下一个短期目标和计划应酌情修正。

第四,问题涉及的范围。儿童和青少年问题的解决有时会涉及许多相关人士,目标和计划设定时也要考量对孩子心理病症的影响因素。不过,目标不能集中在来访者以外的其他人,因为他们不是治疗对象,即便某些家长自身的问题对孩子的心理状况造成了重大的影响,儿童和青少年的治疗师也只关注家长的情绪和言行中影响到孩子心理健康的那个部分,如家长与孩子的沟通方式,养育孩子的方法等。至于家长自身的问题,应由家长的心理治疗师去处理。比如,家长有酗酒的问题,酒后丧失理性,虐待孩子,儿童和青少年的心理治疗师关注的应是家长是否虐待孩子的问题,而家长的戒酒问题则由其他治疗师去治疗。

第五,前景预测。治疗师与来访者在制定治疗目标和计划时,可以设想目标达成之后来访者的心理状态会有怎样的改变。如果来访者说,他完全不在乎,还推辞道:"随你,你觉得好就好,我没关系。"那么,这个治疗目标就需要修正,因为治疗师是为了解决来访者的困惑,而不是治疗师为了达到某个目的。有些十几岁才确诊患有自闭症谱系障碍的青少年,治疗师经常理所当然地将"提高社交技能"作为治疗目标,制定一些改善沟通技巧,鼓励他们积极参与社交活动之类的行动计划。事实上,患有自闭症的青少年们最主要的缺陷就是社交互动很差,而这也是他们最不感兴趣的事情。由于他们年龄稍大,有自己的个性,不再是可塑性较强的年幼儿童,若以"社交互动"为主要治疗目标,青少年患者是不会乐意的,他们既不会、也没能力设想治疗后自己变得善于社交的样子。因此,青少年自闭症患者的治疗目标应注重扬长避短,充分发挥他们的潜能,而不是纠缠于他们的缺陷。

治疗目标和计划并非固定不变。治疗初期,治疗师、来访者或家长都有可能难以确定问题的症结所在而偏离方向,或迷失在混杂的病症之中。也有可能随着儿童的成长或事态的发展,来访者的症结出现衍变,情境发生变化。因此,在治疗过程中修订目标和计划的情况是经常发生的。

治疗效果的评估

如何评估心理治疗的效果,一直是个争论不休的话题。什么是"治疗有效"?如何定义"有效"这个概念。有人认为"有效"是指某种专门治疗技术的效果,例如精神分析疗法很有效,或认知行为疗法效果良好。也有人认为"有效"可以用其他变量来表示,如患者症状的减缓或来访者的自我感觉改善。

第九章　儿童与青少年心理治疗的程序

在临床实践中，尤其在儿童和青少年的心理治疗方面，几乎很少有治疗师执着于某个流派或某种疗法。一般而言，治疗师们会针对儿童和青少年的实际情况，尝试运用各种疗法来改善孩子们的思维、情感与行为，逐步消减因心理障碍所引起的各种症状，提高他们的心理健康水平。在个体心理治疗时，治疗师通常采用认知行为疗法；在与来访者的家庭进行联动性心理治疗时，会运用精神分析学派的理论和心理分析疗法；在与来访者和学校心理卫生工作人员一起开展联动性心理治疗时，有可能会运用格式塔的理论与方法。

儿童和青少年心理治疗的疗效评估时，主要内容有二：一是针对来访者心理健康状态的改善状况的评估，二是对治疗师工作绩效的评估。

心理治疗效果评估的难度与心理诊断如出一辙，因为这两者都缺乏客观的评定指标。与躯体疾病不同，心理疾病没有医学检测的客观数据，目前也没有测查脑内生理生化功能的改变对个体思维、情感和行为直接影响的工具与手段。所以，在当下，虽然可以测量一些行为的改变，但无论是心理诊断还是心理治疗效果的评估，整体上仍然以主观报告为主。

即便是主观报告，心理治疗的评估也是不可或缺的。定期检查治疗目标的实施和计划的落实，定期给予自我奖励和积极反馈，是提高和巩固心理治疗效果的有效措施。

正因为缺少客观检测的方法，各种主观评估的问卷与量表纷纷推出，它们各有所长，治疗师们也是各取所需，在临床上没有定论，只要使用效果良好即可。

在北美儿童和青少年心理治疗领域，临床心理卫生工作者经常运用由心理学家斯科特·米勒(Scott D. Miller)、巴里·邓肯(Barry L. Duncan)和马克·哈勃(Mark A. Hubble)编制的绩效评定量表(The Outcome Rating Scale，ORS)和儿童绩效评定量表(Child Outcome Rating Scale，CORS)。这些量表简单易行，主要用于了解儿童和青少年以及家长对治疗效果与进展的反馈信息。

ORS量表以4条10厘米长的线条来表示个体的4项功能：一是个人健康状况或症状的困扰；二是人际关系；三是社会角色；四是总体感觉。线条的左侧表示情况糟糕，右侧是状况良好，来访者根据自己过去一周的情况在线条上画个点。比如，来访者在线条的左侧点了一下，治疗师将用尺来量一量，如果那个点位于线条左侧起点3.5厘米的地方，那么他的健康状况较差，只有3.5分。如果来访者在评估他的人际关系时，在线条右侧画个点，用尺量了这点离左侧起点8厘米，那么他的得分为8，表示人际关系还不错。

为了更符合儿童的心理状况，通常在4条线的左侧显示了4个悲伤的面孔，而右侧是4个笑脸，孩子们就比较容易按照自己的状况，在线条上画点。

一般情况下，首次面谈时就开始使用ORS，治疗师可以根据来访者或家长对ORS评估来了解孩子的整体状况，对治疗目标和治疗计划的设定起到支撑作用。随后的每次面谈都要进行ORS或CORS的评估。若第五或第六次面谈后，ORS／CORS的分数均未显示进展，则需要与来访者、家长以及治疗师的督导、主管或上司探讨如何修改治疗目标与计划，在必要时需要转介给其他治疗师或其他机构(David C. Low，Scott D. Miller & Brigitte Squire，2012)。

与绩效评定量表十分相似的另一份常用的量表是面谈评定量表

(Session Rating Scales，SRS)，主要评估每次会谈或治疗的成效。它同样采用4条10厘米长的直线来评估该次治疗的4个方面,即尊重与理解、目标和主题的相关性、来访者与治疗师的相互适应性,以及整体协作(Miller et al.，2002)。来访者可在直线上画点,直线的左侧表示效果不好,右侧为效果非常好。

儿童的SRS也与ORS相似,问卷上只有4个表示情绪的圆脸,由孩子们来选哪个脸最能代表他们对今天治疗的感受。前面3个圆脸分别为高兴、一般和生气。如果这3个都不是,他们可以在第四个空白的脸形图案上画出最代表自己情绪的圆脸。

与ORS一样,SRS在首次面谈时就开始引入,之后的每一次治疗结束前都由来访者填写SRS,对该次治疗进行评估。SRS不仅可以了解治疗师与来访者之间的治疗联盟状况,还能通过来访者的反馈意见来改善服务,改进医患关系,提高治疗效果。

ORS和SRS的评估使来访者有机会在心理治疗过程中发出自己的声音,对治疗提出反馈意见,治疗师也能及时知晓什么在起作用,什么不起作用。

在临床实践中,一些治疗师根据斯科特·米勒博士的经验自行设计了一些简单的问卷,针对来访者的实际状况提出不同的问题,题目总量不超过10题。每个问题同样采用10厘米长的直线,由来访者在上面画点。左侧为差,右侧为好。

举例来说,在开展"儿童网络游戏成瘾"的家长团体心理治疗时,治疗师可以根据治疗的主题编写几个问题,请家长在活动开始前与结束时回答这份相同的问卷,问题包括"网络游戏对儿童的影响""您孩子当下的情绪状况""您与您孩子的关系状况"等,每个问题下有一条10厘米长的直线,请家长在直线上画点,左侧是不好,右侧是很好。如果家长在第一个问题的直线距左侧0.8厘米处画点,那就表明家长认为网络游戏非常不好;如果家长在第三题的距左侧4.5厘米处画点,则说明家长认为自己与孩子的关系很一般。在团体治疗结束时,再请家长在同样的问卷上画点,如果第三题画的点为距左侧8.5厘米了,那就说明他们的亲子关系得到改善,治疗有效。

对治疗师工作绩效和治疗机构的管理等方面的评估甚为重要,通常在整个治疗结束时由来访者或/和家长对治疗工作的方式、态度与治疗效果等提供反馈意见和建议。问卷可以采用标准化的问卷形式,也可以在选择题下面留有一两个非标准化的开放性问题,请来访者或/和家长提一些有关心理治疗师、心理治疗过程以及心理治疗机构的建设性意见。

对治疗师的评估可以是匿名的,也可以署名,通常由填表者自行决定。匿名的反馈信息会比较真实,来访者或/和家长能够较少顾忌地自由表达自己的想法。也有些家长并不在意写上自己的名字。假如填表者在绩效评估的反馈意见里提出了非常宝贵的建议,或是非常尖锐的批评,而且他们都签上了自己的姓名,那么,督导或管理者最好能与填表者联系,感谢他们的反馈意见,澄清一些疑问。这种管理人员与来访者或/和家长的直接联系常能有效地改善咨访关系与民众对心理治疗机构的态度。

绩效评估表一般由填表者直接交到治疗机构的管理部门,治疗师不能查看。有时,心理机构的督导或管理人员会采用随机抽样的方式,直接打电话给来访者或他们的家长,询问他们对治疗服务和治疗师的评价与意见,以利发扬长处,弥补欠缺,更好地提供心理治疗服务。

第十章

亲 子 教 育

人们常说,孩子的问题通常是家长的问题。这话固然有点片面,但不乏道理。家长的心理状况确实对孩子的心理健康有着重大的影响,因而亲子教育是儿童和青少年心理健康的重要因素。

孩子的心理障碍对家长的影响

在父母养育孩子的过程中,倘若家长发现自己的孩子有一些原因不明的神经发育障碍或心理障碍,这会对父母和整个家庭造成很大的冲击。不过,并非所有病孩的家长都是悲观沮丧的,仍有一些家长能坦然面对,接受现实,克服困难,努力挖掘生活的意义,寻找快乐和乐趣。一些自闭症谱系障碍孩子的家长舍弃了自己喜欢的工作,回到家里与孩子一起参与自闭症儿童的行为矫正活动,努力挖掘孩子的兴趣与特长。家长们还不时地发表文章,与他人分享养育自闭症孩子的苦恼与乐趣,介绍自闭症儿童的矫治方法,组织自闭症家长的互助小组,将自己原本沮丧无奈的生活变得更有意义。正因为家长的豁达与乐观,这些自闭症儿童的症状获得明显改善,家长的信心也日益增加。

然而,生活中更常见的是家长因孩子的心理障碍而情绪受挫,心理郁闷。

那些患有注意缺陷/多动障碍的儿童,奔跑好动,坐立不安,丢三落四,经常闯祸,学习成绩较差,老师三天两头找家长问话。家长们倍感挫折,怨声载道,责骂孩子不听话,认为孩子让他们生活不幸。虽说多动症的发病与大脑的统整功能相关,既不是孩子的过错,也不是家长的失误,但孩子的麻烦使家长感到压力沉重,情绪糟糕。家长内心对孩子的不满,孩子完全能领会。多动症孩子曾非常难过地说:"都是我不好,惹爸妈生气了!""我犯错误了,妈妈很伤心。"

某个火车站,一位母亲拉着差不多与她一般高的儿子站在站台上,说道:"火车开到那根电杆时,你就跟我一起跳下去死。"可能她情绪激动,她原想窃窃私语的话居然大声到周围的人也能听见。火车驶近,母亲拉着儿子想跳下去时,被周围的人拦住了。

母子俩被送到心理诊所。那位13岁的儿子目光呆滞,言语中不带任何情感,缓慢平淡地叙述了他的故事:几年来他一直被邻居大哥哥性侵。他恐惧,害怕,但他的父母看到那大哥哥热心地给他辅导作业,就热情招待,感激不尽。他没有能力反抗,尽管他内心非常痛恨。最近大哥哥搬走了。那天早上,他在学校里模仿大哥哥的行为性侵了一位低年级的男孩,他自己都不知道自己是怎么一回事,结果被同学发现。校长把他妈妈叫到学校,准备开除他这个"流氓"。当他母亲知道他做出这种"流氓"行为时,几乎崩溃,认为无颜见人,要与他一起去死,去撞火车。"妈妈不知道我被那大哥哥性侵的事,不要告诉妈妈,她会难受的。其实我死了就很好",他仍是声调平稳地说道。

16岁的女孩亭亭玉立,学习优秀。不知怎么回事,总觉得有人在窥视她。父母陪伴着她,告诉她周围什么也没有,爸爸妈妈在保护着她。但是家长的劝说无济于事,后来,病情加重,她整天蜷曲在房间的一角大喊大闹,家长不得不把她送进精神病院。在孩子住院期间,女孩的爸爸心痛不已,抛弃工作,每天长跪在地祈祷,不思饮食,日夜难眠。

家长们常把自己的情感与孩子们的状况连接在一起,希望孩子成为他们所向往的样子,寄予很大的期望,付出了巨大的爱心。一旦孩子发生问题,家长的失落和痛苦可想而知。这也从另一个角度说明了孩子的问题也是家长的问题。

家长的心理问题对孩子的影响

毋庸置疑,家长自身的心理问题也会严重影响孩子的心理健康。不难想象,假如父母中有一位,或者父母双方都患有心理障碍,那么,这个家庭的孩子很难会有快乐幸福的生活。如果家长患有抑郁症,对什么事情都没有兴趣,悲观忧伤,那么,他们根本不可能对养育孩子感兴趣,也没有能力与孩子分享快乐的情感。抑郁情绪犹如情感病毒一般在家庭里传播,孩子们的心理状况难以维持乐观开朗,积极健康。

倘若家长患有焦虑障碍,时刻担忧着尚未发生的事情,孩子也会一直遭受焦虑情绪的影响。有的青少年说,他们的家长严重焦虑,还将焦虑的矛头指向他们,不愿让他们单独外出,不愿让孩子们参加任何稍有一点冒险的活动。有时孩子与同学在外面玩得很开心,时间并不太晚,家长就不停地打电话催他们回家,莫名地担心他们可能会受伤害、出车祸。孩子们抱怨道:"爸/妈的焦虑就像我们头上的紧箍咒,他们'焦虑'加重,我们就头痛加重。"

一些在患有强迫症的父母身边成长的孩子,久而久之也染上了类似强迫症的行为,如洁癖、反复检查、消不去的担心等。

生活在精神障碍患者家里的孩子所承受的煎熬是一般人想象不到的。如果这些患病的父母没有适当服药,时常出现思维、情感与行为的紊乱,那么,他们的孩子就可能长期被家长的精神病症所折磨。由于孩子们年幼,他们还不懂得什么是精神疾病的症状,什么是客观现实。曾有上小学的姐弟俩,在母亲精神疾病发作期间,几乎每天夜里被母亲惊吓的声音叫醒,说有坏人要来加害他们,这姐弟俩不得不与他们的母亲一样,在恐惧中生活。

总之,在进行儿童和青少年的心理治疗时,如果发现他们的家长也患有不同程度的心理疾患,那么治疗师就需要与社区联动成员合作,协助那些需要接受治疗的家长去适当的医院或诊所接受治疗。家长的心理健康是儿童和青少年心理健康的基本保证。

在条件允许的区域,当家长丧失了养育孩子的能力时,他们的孩子应由亲戚、适当的家庭或机构来养育,长期的或短期的寄养或收养能为孩子们提供一个健康的生活环境,改善孩子们的心理健康状况。

家庭危机对孩子的影响

如果一个家庭遭受了生老病死、天灾人祸、婚姻冲突、人际关系恶化、工作问题和经济困难等人生危机,家长们自己已被危机事件搅得不知所措,他们往往忽视了躲在一角的孩子们的恐慌与害怕。

一个家庭成员的死亡,成人们比较能理解人生的期限与死亡的涵义,但青少年可能从来没有见过死人,死亡的恐惧笼罩着他们。年纪较小的儿童甚至不理解什么是死亡?什么叫做永不相见?成人在为亲人的逝世而悲伤哭泣时,那个时刻,有多少成人会去关心孩子们的感受?如果在亲人离去的那个过程中,孩子的心理伤痛没有被关注,没有被安抚,那么,在孩子今后的人生中,死亡的阴影有可能引致焦虑、抑郁或其他的身心障碍。

曾有一位在蜜罐中成长的少年,养尊处优,忽然某日有人告诉他,他的父亲破产自杀。他搞不清怎么一回事,没有人向他解释,家里出奇宁静,即便是母亲的哭声也被毛巾捂住。这个男孩一下子成了被人遗忘的孩子,没有人来嘘寒问暖,没有人过问他的学习与饥饿,也没人与他讲话。他照常去上学,照常打开课本坐在书桌前,照常坐在沙发上看电视。直到有一天,他留下遗书,告知妈妈他是多余的人,然后割腕企图自杀。那时,家里的人才知道小孩子也会痛苦,也会绝望。

还有一个案例,警察曾找到流落在街头的小女孩,问她为什么离家出走?女孩说,爸爸妈妈一直吵架闹离婚,都说是因为有我,他们没法离婚,所以我不能回家,那样他们就可以离婚,就不用再吵架了。

小学二年级的男孩去医院看望病重的父亲之后,再也不敢一个人睡觉,即便母亲搂着他睡,他也是噩梦连连,惊叫声声。他不愿离开妈妈,拒绝上学。在父亲弥留之际,他无论如何都不愿再次踏进父亲的病房。父亲死后好几个月,他仍处于惊恐状态。他告诉治疗师,他在医院看到了"魔鬼""僵尸",根本不是他那帅气的父亲。他描述道：那个僵尸身上全是管子,脸上发灰,眼睛发黄,满嘴恶臭,皮包骨头。那个僵尸用奇怪的声音说:"我不会离开你,宝贝!"所以他非常害怕,一闭眼,那个僵尸就像魔鬼一样尾随着他。

年纪尚幼的孩子们经常被要求去向临终的亲人告别,如果亲人病重后因身体衰竭而模样大变,孩子们往往会对那可怕的最后一面留下难以挥去的恐怖记忆。因此,大人们究竟是应该顾及临终者想见小孩子最后一面的最后愿望,还是应该考虑尽量避免小孩子的恐怖反应,让他们对死者保留既往的美好印象?这的确是一个两难选择。

家庭的危机各种各样,家长们应对危机的能力也不尽相同。但无论危机情景如何,家长们都不要忘记孩子们也需要关怀。

亲子关系对孩子的影响

亲子关系是指父母与子女的关系,包括父母与子女的沟通和相互信任的状况。

如果分别询问家长和孩子有关他家的亲子关系如何时,通常会发现家长对亲子关系的评价与孩子们的不一样。有时家长会认为他家的亲子关系非常好,但是子女却说我不会跟他们讲心里话。也有的家长一直担心他们与孩子的亲子关系很差,孩子不听话,总是一副爱理不理的样子,难以沟通,但是孩子却认为自己与父母的关系很好。

由此可知,亲子关系并不是可以客观度量的事物,它是人们自己的主观感受。因此,治疗师对儿童和青少年进行心理治疗时,不能单凭家长或孩子任何一方的意见就对双方关系做出评价。不过,任何一方对亲子关系的负面评价都会对亲子关系造成伤害,并不同程度地伤害儿童和青少年的心理健康。

造成亲子关系撕裂的原因众多,就家长的行为而言,常见的是家长对孩子的虐待与疏忽照顾、家长的霸权行为、家长缺乏同理心以及沟通方式不良等。

以儿童和青少年网络成瘾为例,不良的亲子关系在孩子们不良行为的发生和发展中起着重要催化作用。如果人们能够非判断性地聆听那些沉迷于网络游戏的人,尤其是倾听那些生活、学习和工作等社会功能都严重受损的儿童和青少年们,不难发现他们都经历过或正经历着巨大的心理压力,他们与家长的关系纽带已经撕裂或正在崩裂。在那些网络游戏成瘾的儿童和青少年中,似乎没有一个孩子是生活在幸福家庭中的,没有一个孩子有着良好的亲子关系。不幸的孩子有着各种各样的不幸。

有的家长自身患有精神的或躯体的严重疾病,或者家长自己情绪控制不当,因而虐待孩子或疏忽照顾孩子的事件时有发生。还有些孩子从小就没有父爱母爱,设身处地替孩子们想想,他们承受着难以对付的人生困境与磨难,如果有条件接触到网络的话,他们只有在网络游戏和虚拟的世界中才能释放自己,逃避现实。

那些只顾忙于自己的工作或其他事情的家长并不少见,他们根本顾及不到孩子们的想法与需求。有的家长为了自己的事业而把孩子转送到不同的地方,没有考虑到孩子离开自己熟悉的学校和朋友将是如何的孤独沮丧。有的家长远离孩子,即使住在一起,但忙得没时间与孩子见面说话,更不用提与孩子一起玩耍了。孩子们说:"爸爸(妈妈),我几乎不认识你们了,我都不知道上次与你们见面是什么时候了?"

还有孩子哭诉家长把自己当成学习的机器,一味追求好成绩。

自己身体不舒服了,家长仍叫嚷着不能偷懒,赶快去上学;自己功课有困难,想请家长帮忙,家长不耐烦地将他推开,责骂他上课不用心;有的孩子在外面受了委屈,家长全然不理会。即便孩子们有了快乐的经验,迫切希望与父母分享,但爸妈口口声声自己太忙太累,没能停下来听听孩子们的喜乐体验。

曾有学生考试成绩不佳,家长不问缘由地严厉责骂惩罚孩子,甚至叫嚷着"你给我滚出去!"于是孩子离家出走,躲避在网吧的一角。

家长过分的"爱"也会让孩子们窒息。家长为了孩子将来有出息,使劲地拖着孩子在"成功的道路"上奔跑。孩子几点睡,几点起,吃什么,学什么,学习成绩该是什么,课外补习什么,看什么电视,与什么人玩,玩几分钟,所有的生活日程与生活内容全由家长包揽安排。当孩子们被束缚到难以喘息的时候,沉迷在网络的虚拟世界或游戏之中可能是孩子们唯一的解脱方法。当家长没收手机电脑、限制上网时,这些孩子宁可自杀也不愿再过没有自己人生的日子了。

儿童和青少年网络游戏成瘾的问题引起了家长、学校和社区的多方关注。尽管老师和家长费尽口舌地劝说,通常也难以将他们的专注力从网络游戏拉回到学习和现实生活中。

所以,在治疗孩子们网络成瘾或其他心理问题时,必须深入了解他们家庭的亲子关系。亲子关系不改善,儿童和青少年的心理问题难以妥善解决。

家长团体心理辅导

家长团体心理辅导是将患有心理障碍的孩子们的家长组织起

来，由治疗师或心理卫生工作者与家长们一起探讨孩子的心理健康问题。团体小组的家长人数以 16～20 为佳，以便每位家长都有发言的机会。一般每周一次，一次一个半小时到两小时，一个疗程为 8～10 次。如果家长人数较多，可以按照孩子患病的类型分成多个小组，例如，多动症孩子的家长小组，网络游戏成瘾孩子的家长小组等。家长们可针对性地讨论如何改善孩子们的心理问题，如何与孩子沟通，以增进家长和孩子们的心理健康。

家长团体心理辅导的效用往往是个别心理治疗达不到的，尤其是家长之间的情感支持、经验分享和后续的互助效应。

当孩子患有较为严重的心理障碍时，家长内心的压力远重于儿童和青少年本人。家长们会自责、内疚、抑郁、烦恼，为自己的不幸而痛苦。治疗师的耐心聆听和真诚理解，往往也只能起到一些安慰作用。然而，当家长们听到其他的家长与自己一样遭遇到相同的困境，发现有的家长面临的问题比自己更糟糕时，会感到自己并不孤单。尤其是一些家长在困境中与孩子们一起面对心理障碍的挑战，一起进步时，那份激励力量绝不是治疗师用语言所能传递的。

家长一般会以正常儿童的行为标准来要求自己的孩子，尽管家长知道自己的孩子有心理问题，但是究竟应该对孩子设定一个怎样的期望值，那是非常困难的。如果期望值定得不合适，那么，家长的失望会引起自己情绪的失落，并有可能对孩子表现出不满。患有心理障碍的孩子们常常因思维、情感和行为的异常而在学校或社交场合遭受各种批评指责，即使在家里也达不到家长的期望值，这些孩子确实很难享受到被人理解或肯定的乐趣。曾有一个患有多动症的孩子沮丧地说：自己从来没有受到过家长的表扬。虽然他的考试成绩由上一次的62分上升为74分,从全班最后一名上升为倒数第三名,但回家后家长仍是又骂又罚。如果家长老是将心理有问题的孩子与正常的同学相比,定下不切实际的期望值,那么,家长不仅看不到孩子的进步,自己也会频频受挫。

家长通常很难看到自己处理问题的不当之处,尤其在管教孩子方面,家长的权威往往会影响亲子间的沟通,影响孩子的心理健康。

抑郁症家长互助小组经常获得参与者们很高的评价,家长们普遍认为受益匪浅。小组成员不仅仅是罹患抑郁症的孩子的家长,有的小组成员本人也患有严重的抑郁症。当小组成员谈论心理疾病的症状和心理障碍对儿童或成人社会功能的影响时,该小组的讨论就更为实际,成员感触也更深。抑郁症家长互助小组有两大特殊效用:一是帮助家长们了解抑郁症有可能导致患者出现自杀倾向,学习如何进行自杀预防和自杀干预;二是理解抗抑郁症药物的使用原理与方法。

抑郁症患者经常会忌讳服用抗抑郁药(Antidepressants),认为服用这类药物会变傻,成为痴呆呆的废人。家长们更担心自己的孩子只是一个十几岁的青少年,服用抗抑郁药后会影响大脑,影响学习成绩。家长们的担心并不是一点道理都没有,但是,当抑郁症症状趋向严重时,自杀的魔影一直笼罩着患者,患者的理性思维能力下降,单纯的谈话性疗法难以真正帮助患者控制自杀行为。抗抑郁药物能帮助患者控制情绪,缓解抑郁,为心理治疗创造条件。那些自己患有抑郁症的家长,或者自己的孩子患了抑郁症的家长,他们分享的亲身经验更为具体客观,远甚于治疗师的解释。抑郁症患者说道,相对于药物的副作用,人命更重要。如果只考虑什么学习成绩、聪明不聪明而拒绝服药,结果孩子自杀了,或家长自杀了,聪明不聪明还有什么意义?家长们总结了服药的"三阶段感受":第一阶段是情感麻木、思睡,觉得自己对什么事情都没有情感反应;第二阶段是情绪好转,自杀念头消退了,觉得自己有能力回归到正常的生活,这个阶段若能积极参与心理治疗,学习应对压力和克服抑郁的技巧,症状就会明显改善;第三阶段是体验幸福的阶段,有人称抗抑郁药为"幸福之药",这种说法虽说有点夸张,但对长期处于抑郁状态的人们而言,幸福的体验已经久违了,药物和心理治疗双管齐下,可以让抑郁症患者真正体验到"幸福"的情绪。

有的家长还介绍服药的体验,认为成人可能需要较长时间服用抗抑郁药,而青少年的用药时间相对较短。那些家长再三强调,服用抗抑郁药一定要遵循医嘱,不能擅自停药或更改剂量。

家长互助小组的家长们不仅在小组活动期间相互学习,相互帮助,在课程结束后,大家仍然继续保持联系,形成了长期的心理支持小组。

治疗师的案例,家长经验的分享,使家长团体治疗小组成员获益匪浅。家长们最大的收获是学会了具有同理心地对待患有心理障碍的孩子和任何需要帮助的人们。只有当大家站在对方的立场上思考问题时,人与人之间才能获得真正的理解与关爱。

社区心理健康教育

社区心理健康教育形式多样,可因地制宜举行各种形式和内容的大型或小型活动。常见的社区儿童和青少年心理健康教育的大型活动通常由教育局或社区心理卫生部门举办,如专题心理健康教育日,社区情绪调查日等。

一年一度的社区心理健康教育日是由区教育局组织的,一年中的某个周末在某个学校举行多场不同主题的心理健康教育公益讲座。教育局将邀请从事心理卫生工作的专业人员前来讲解各种有关心理卫生的课题,讲座涉及的内容很广泛,实用、新颖、有趣,欢迎广大的学生、家长和教职员工积极参与。教育日通常有十几至几十位专业人士在不同的教室举办数十场讲座,与会者可自由选择自己感兴趣的主题去听讲。如果条件允许,同一讲座分别在上下午讲两次,以便家长和师生们有更多的机会参与。讲座内容每年都不一样,有脑功能的开发、学习潜能的激发、情绪对学习的影响、和谐亲子关系的维系以及心理障碍的基本知识与防治等。

社区情绪调查日也是公益性的社区活动,一般由当地的心理卫生机构主办,学生和家长可自愿参加有关情绪的问卷调查。志愿者将对每位参与者的问卷进行评分和筛选。如果问卷的分数高于正常值,答卷者可以与现场的心理卫生工作人员进行单独咨询,进一步了解自己的心理状况。

社区情绪调查日也会举办多个有关心理卫生的讲座,讲座内容包括抑郁症、焦虑症等常见情绪问题的症状与应对方法,儿童和青少年的心理健康问题,家长的心理问题对孩子的影响等。

社区的小型心理健康教育活动是一个持续的亲子教育项目,由社区的心理卫生工作人员或学校的辅导员组建定期活动的亲子教育小组。每次活动的主题可由家长提议,也可由主持人根据家长的需求来灵活安排。每次活动都会请教育、心理卫生方面的专家来主讲一些家长们感兴趣的内容,然后进行讨论。每个社区的家长活动小组是开放性的公益活动,家长可以自愿参加。

家长亲子教育小组所安排的一些主题内容经久不衰,几乎每年中小学开学后,主持人都会安排讲解一些有关小学生的新启程、中学生的新挑战等课题,帮助家长和学生们了解新学校的运作方式与注意事项,协助他们解决所遇到的新问题,减轻大家的心理压力。

学生和家长的"作息时间安排法"一直是深受家长欢迎的课题。家庭作息时间的设定与实施是帮助儿童和青少年正常学习与生活的基本保证。

制度易定执行难。小学生们刚踏入正规的学校教育,有的学生很难乖乖地执行家长所指定的作息时间而爆发无休止的争执。中学生的学习压力明显高于小学,当家长要求孩子们关闭电视电脑、按时睡觉时,孩子们总是说:再给我5分钟。一个5分钟,两个5分钟过去了,结局是家长们的挫败和孩子们的怒气。

在小组活动上,家长们分享了何时应该严厉管教,何时应该积极鼓励;何种惩罚是不起效的,何种奖励是有用的。这种实际经验的分享对所有的家长都是一种启迪,一种激励。比如,家长提出对孩子们的奖励要及时多样,因为小孩子很难等到遥遥无期的奖励;批评不能脱口而出,要了解情况,等家长自己的情绪稳定后再说,以免挫伤孩子的情感。另外,家庭作息时间的确定并非由家长说了算,需要与孩子们一起讨论后再认定。所有的家庭规矩不是永久性的,需要根据实际情况适当修正,可每两周或每个月检查讨论一下。

家长们认为,"早年经历回顾"的主题课程对亲子教育方式有着"冲击性的反思效应"。所谓"早年经历回顾",并不是对家长进行精神分析,而是家长们一起分享自己的早年经历。主持人请在座的每一位家长谈谈他们自己能回想起来的儿时最早的经历,没有好坏之分,想到什么就说什么。

于是,有家长谈起自己三四岁时,妈妈带自己去农村姥姥家,与鸡鸭牛羊一起玩耍的快乐时光。家长们纷纷反馈道,儿时的开心生活确实对自己的心理健康很有帮助。

另有家长讲,自己很小的时候,爷爷给她吃一种味道怪怪的糕点,她不愿吃。爷爷破口大骂,说什么他们都舍不得吃,专门留给她吃的,非要她咽下去。她说道,既然他们那么爱她,为什么非要强迫她吃她不喜欢的东西?其他家长联想到自己的育儿方式,有时自己认为好的,孩子们不喜欢,结果好心常常未能获得良好的反应。

还有家长谈到,家里的爷爷奶奶有重男轻女的思想,爸爸妈妈也都听从爷爷奶奶的,因而对大哥非常宠爱,对她和妹妹不屑一顾。更令人不悦的是,她的父母居然认为重男轻女是理所当然的。家长在养育孩子时的"不公平"做法激起了许多家长的同感,那些有着多个子女的家长们也热烈讨论什么是公平?孩子们有年龄差异,有男女之别,怎么做才合理? 这是家长们的难题。

有多少个家长,就有多少种不同的人生经历。家长们自身经历分享的要点就是:在自己年幼时父母的一些言行举止,几十年来一直影响着自己。同理,自己对孩子们的管教方式同样也会影响孩子们的一生。

家长管教孩子时的"明智的目标"管理法也是颇受家长欢迎的主题。所谓"明智的目标"(SMART GOAL)是一种短期目标的设定方法,它包括特定的(Specific)、可度量的(Measurable)、可获得的(Achievable)、奖励(Rewarding)、时间限定(Timing)5个方面。

SMART GOAL 的 SMART 就是由这五个英文单词的第一个字母构成的(Chimo Crisis Services，1996)。

具体而言,"特定的"是指对孩子的要求应具体规定,否则没法检验和确定孩子是否按照目标去做了。比如,家长对孩子说,你这学期必须努力学习。那什么是努力呢？如果孩子说我很努力啦,而家长却认为你整天在玩,根本没努力。于是相互争执,没法定论。按照"特定的"方法来做,那就是家长与孩子商量好,共同确定每天回家后要学习多少时间。这样就容易评定孩子有没有按照目标去做了。

"可度量的"的道理与上述一样,如果只说努力学习,那没法度量。明智的目标应该设定可度量的任务,比如,每天学习英语多少时间,复习数学多少时间或做多少作业；又比如,家长希望孩子少玩一些网络游戏,那么也要确定平时每天可以玩多少时间,周末又可以玩多少时间,需要一个可以度量的评定方式。

"可获得的"目标常常是家庭教育中容易忽略的问题。有位家长对孩子说:"你考试成绩全部都在 95 分以上,那我就给你奖励一个手机。"结果,孩子十分努力地学习后仍达不到每门课都是 95 分,其中有可能是孩子本身的基础较差,虽然他已经取得了很大的进步,但仍然没有达标；也有可能是某位老师很严格,全班最好成绩也只有 93 分。孩子得了 92 分,已经名列前茅,但对家长而言,仍然没有达到目标,孩子朝思暮想的手机泡汤了。家长过高的期望值有可能让孩子丧失继续努力的决心与信心。"可获得的"目标是指当事人可以自己掌控的目标,如每天复习功课多少时间,而不是以考试的结果为目标,因为考试的结果受多种因素的制约,如考试题目不恰当,全班都没有好成绩等。

"明智的目标"是短期的行为目标,因而必须有"时间限定",以便能够定期评估目标是否达到。对年纪较小的孩子来讲,一个"明智的目标"可定为一周,一周后发现目标达到了,那就及时给予奖励。幼小的孩子没有耐心等待一年半载的结果和奖励,所以时间要短,发现孩子有进步,达到目标了,那就按照事先规定的奖励条件给孩子发奖。奖励不一定是物质的,当孩子们努力达标后,让孩子们去参与他们喜欢的活动也是一种奖励。

年纪稍大的青少年,目标的期限可以稍长一些,一个学期或半年。一个"明智的目标"实现后,可以进行修订,设置下一个目标,当一个个小目标达成后,大成功就展示在眼前。

"明智的目标"不仅是家长给孩子所设定的努力方向,也是青少年和成人用以激励自己的方法。在许多职场和企业中,"明智的目标"亦被广泛运用。

"家庭时间"是另一种颇有意义的亲子教育方法。"家庭时间"实际上就是一家人的沟通时间,每周、每两周,或在其他的规定时间里,全家人聚在一起畅谈自己的想法。在这个规定的时间里,半小时、一小时或更长一点,大家坐在一起不做任何其他事情,不看电视,不玩手机,每个人都有自由发言的机会,谈谈自己的委屈、不满、快乐、成功、希望和要求,家长以聆听为主。这种形式能使亲子关系更为融洽。不过,也有家长在亲子教育小组讨论时坦言,每家都有每家忙碌的事情,"家庭时间"的好处是明显的,但要按期执行则是困难重重。

亲子沟通时,家长和孩子对同一事物的看法可能会迥然不同,家长的经历肯定与孩子的经历不一样,各自的描述和表达就有很大的差异,此时亲子矛盾就会显示出来。因为,一个人在谈论某个客观事物的时候,往往很难客观,因为当人们在描述该事件时,个人的主观经验就会掺和进去。为此,在亲子教育小组活动时,辅导员会为家长安排"看图说话"的实验与练习。这练习貌似简单,但颇有深意,让家长们很受教益。操作时,主持人向家长们呈现一张主题不明确的图片或照片,请家长们不必经过周密思考,只凭自己看到图片时的第一反应来回答两个问题:"您看到了什么?联想到了什么?"然后把自己的回答简要地记录下来,几分钟后与大家一起分享。之所以请家长们一定要记录下来,是因为记下的确实是自己看图后即刻的心理反应,不会因为听到其他家长的发言后影响自己的感想。

图 10-1 所示照片是亲子教育小组活动时经常请家长们看的照片中的一张,它是一位中学生自己剪贴与绘图的"无主题作品"。小组活动时,主持人请家长们看后回答:"您看到了什么?联想到了什么?"家长们看图后往往情绪很兴奋,纷纷表达自己的想法。他们的描述五花八门,不尽相同。有的家长说:"这学生的求知欲强烈,他的手从头脑里伸出去,想要获取外部世界更多的信息。"也有的家长说:"那手从脑门中伸出,是求救的信号,他可能遇到了巨大的困难。"

事实上,每个家长看到的是同一张照片,每个人眼球受到的视觉刺激是一样的,但是,当人们

图 10-1 学生的画

描述自己所看到的情景时,大家的反应就不同了,引起的联想更不一样。通过这个实验,家长们深有感触,纷纷谈起日常生活中的点点滴滴,许多自己认为非常糟糕的事情,孩子们却觉得很有意思。而自己总认为孩子错了,试图以自己的观点来替代孩子想法。通过这些实验练习,家长们认识到,在亲子沟通时,需要耐心聆听,需要站在对方的立场上来思考问题。

参 考 文 献

[1] E. B. Titchener. Psychology as the Behaviorist Views it. Proceedings of the American Philosophical Society. 1914.
[2] A. E. Crawley. Behavior: An Introduction to Comparative Psychology. Nature. 1915, 95(2369).
[3] Rogers, Natalie. The Creative Connection: Expressive Arts as Healing. California: Science & Behavior Books, Inc., 1993.
[4] McLeod, S. A. Bandura — Social Learning Theory. Simply Psychology. 2016.
[5] Bandura, Albert. Social Foundations of Thought and Action: A Social Cognitive Theory. Prentice Hall, 1985.
[6] Bandura, Albert. Social learning theory. Prentice Hall, 1976.
[7] Benson, Janette B. Advances in Child Development and Behavior. Volume 52. New York, 2017: 43 - 80.
[8] Erikson, Erik H. Childhood and Society. New York, Norton. 1950.
[9] Vygotsky, L.S. Thought and Language. Cambridge, MA: MIT Press. 1962.
[10] Vygotsky, L.S. Mind in Society. Cambridge, MA: Harvard University Press. 1978.
[11] McLeod, S. A. Attachment theory. http://simplypsychology.org/attachment.html. 2017.
[12] Crittenden, P. M. & DiLalla, D. L. Compulsive compliance: The development of an inhibitory coping strategy in infancy. Journal of

Abnormal Child Psychology. 1988.

［13］Tartakovsky，Margarita. 5 Benefits of Group Therapy. http：//psychcentral.com/lib/5-benefits-of-group-therapy/.2018.

［14］Wolpe，Joseph. Subjective units of distress scale (SUDs). 1969.

［15］McDanial，Susan H. Doherty，William J. Medical Family Therapy. Perseus Books. 2012.

［16］Kraft，Irvin A，An Overview of Group Therapy with Adolescents. Int-Group Psychother. 1968. 1018(4)：461－480.

［17］欧文·亚隆,李敏、李鸣译.团体心理治疗——理论与实践.第5版.北京：中国轻工业出版社,2010.

［18］Leszcz, Molyn & Yalom, Irvin D. Theory and Practice of Group Psychotherapy，Fifth Edition. Basic Books，2005.

［19］Landreth，Garry L. Play Therapy — The art of the relationship. 2nd edition. Routledge. 2002.

［20］Kalff，Dora M. Introduction to Sandplay Therapy.

［21］Hilgard，E. R. Divided Consciousness：Multiple Controls in Human Thoughts and Actions. 1st edition. Wiley，1977.

［22］London，Perry. Behavior Control. Harpen Collins，1969.

［23］Barber，Theodore Xenophon. Hypnosis，Imagination，and Human Potentialities. 1st edition，Pergamon Press.1974.

［24］Lovaas，O. Ivar. Pioneer of Applied Behavior Analysis and Intervention for Children with Autism. Journal of Autism and Developmental Disorders. 2011.

［25］Back，Sudie E. et al. Concurrent Treatment of PTSD and Substance Use Disorders Using Prolonged Exposure (COPE)：Patient Workbook. 1st edition. Oxford University Press. 2014.

［26］Mayo Clinic，Obsessive-compulsive disorder，OCD.

［27］American Psychiatric Association. Diagnostic and Statistical Manual of Mental Disorders，5th Edition (DSM－5). American Psychiatric

Publishing. 2013.

[28] 林崇德.心理学大辞典.上海：上海教育出版社,2003.

[29] Grant, Jon E. & Chamberlain, Samuel R. Expanding the Definition of Addiction: DSM-5 vs. ICD 11. 2016.

[30] Rubin, Eugene. Do Personality Disorders Ever "Go Away"? Psychology Today. 2011.

[31] Grant, Jon E. & Chamberlain, Samuel R. Clinical Guide to Obsessive Compulsive and Related Disorders. Oxford University Press. 2014.

[32] Peterson, John. Nonsuicidal Self-injury in Adolescents.

[33] Training Manual. 4P suicidal risk assessment. Chimo Crisis Center.

[34] Rodriguez, Maritza. Counseling vs Psychotherapy. 2014.

[35] Lebano, Lauren. Six Steps to Better DSM-5 Differential Diagnosis.

[36] Mayo Clinic. Mental Illness and Diagnosis. 2019.

[37] Mental Health America. Mental Illness and the Family: Recognizing Warning Signs and How to Cope. 2019.

[38] First, Michael B. Differential diagnosis. The presentation at the 27th Annual U.S. Psychiatric and Mental Health Congress. 2014.

[39] Miller, Scott D., Duncan, Barry L. & Hubble, Mark A. Child Outcome Rating Scale (CORS). 2003.

[40] Hubble, Mark A., Duncan, Barry L. and Miller, Scott D. The Heart and Soul of Change: What works in Therapy. 1st edition. American Psychological Association. 1999.

[41] Training Manual. SMART GOAL. Chimo Crisis Services. 1996.

图书在版编目(CIP)数据

儿童和青少年联动性心理治疗 / 黄蘅玉等著 .—上海：上海社会科学院出版社，2023
ISBN 978-7-5520-3856-9

Ⅰ.①儿… Ⅱ.①黄… Ⅲ.①儿童—心理咨询②青少年—心理咨询 Ⅳ.①B844

中国版本图书馆 CIP 数据核字(2022)第 150059 号

儿童和青少年联动性心理治疗

著　　者：黄蘅玉　等
责任编辑：杜颖颖
封面设计：黄婧昉
出版发行：上海社会科学院出版社
　　　　　上海顺昌路 622 号　邮编 200025
　　　　　电话总机 021-63315947　销售热线 021-53063735
　　　　　http://www.sassp.cn　E-mail:sassp@sassp.cn
排　　版：南京展望文化发展有限公司
印　　刷：常熟市大宏印刷有限公司
开　　本：890 毫米×1240 毫米　1/32
印　　张：9.125
字　　数：208 千
版　　次：2023 年 3 月第 1 版　2023 年 3 月第 1 次印刷

ISBN 978-7-5520-3856-9/B·324　　　定价：49.80 元

版权所有　翻印必究